中等职业教育"十一五"规划教材

数控技术应用专业

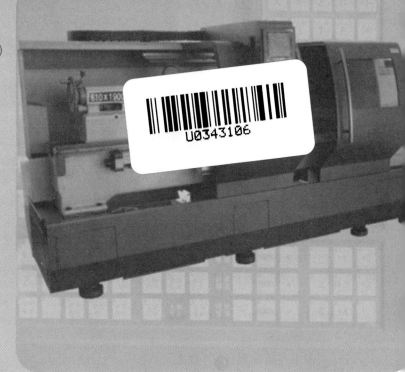

工作过程导向

数控车削项目教程（第二版）

SHUKONG

CHEXIAO XIANGMU JIAOCHENG（DI ER BAN）

本书以零件的数控车削加工工作过程为主线进行编写，共分五个项目，每个项目都设置了目标明确、操作性强的具体任务，并在完成任务的过程中插入理论知识，做到理论与实践的一体化。

本书可作为数控技术应用专业、模具设计及制造专业、机电一体化专业的中等职业教育教材，也可作为数控行业从业人员的参考书。

主　编　禹　诚
副主编　宋英超　张瑜胜　马海彦
参　编　廖建华　高　明　李　杰　吕宜忠　张春凤

华中科技大学出版社
http://www.hustp.com
中国·武汉

内 容 提 要

本书以零件的数控车削加工工作过程为主线进行编写。全书共分五个项目、五个附录。项目一为数控车床的认识与基本操作；项目二为零件的工艺分析；项目三为数控车削程序编制；项目四为程序的输入、编辑与校验；项目五为零件的加工与检测；附录1～3为宏指令编程；附录4为FANUC数控系统编程指令；附录5为SINUMERIK 802D数控系统编程指令。每一个项目都设置了目标明确、操作性强的具体任务，并在完成任务的过程中插入理论知识，基本上做到了理论与实践的一体化。

本书分"教程"和"同步练习"两册，本册为"教程"。

本书既可作为数控技术应用专业、模具设计及制造专业、机电一体化专业的中等职业教育教材，也可作为从事数控车床工作的工程技术人员的参考书及数控车床短期培训用书。

图书在版编目(CIP)数据

数控车削项目教程(第二版)/禹诚主编.—武汉:华中科技大学出版社,2012.8(2022.9重印)
ISBN 978-7-5609-8242-7

Ⅰ.数… Ⅱ.禹… Ⅲ.数控机床-车削-中等专业学校-教材 Ⅳ.TG519.1

中国版本图书馆CIP数据核字(2012)第162088号

数控车削项目教程（第二版） 禹 诚 主编

策划编辑：王红梅
责任编辑：王红梅
封面设计：秦 茹
责任校对：刘 竣
责任监印：周治超
出版发行：华中科技大学出版社(中国·武汉)　电话：(027)81321913
　　　　　武汉市东湖新技术开发区华工科技园　邮编：430223
录　排：武汉市洪山区佳年华文印部
印　刷：武汉科源印刷设计有限公司
开　本：787mm×1092mm　1/16
印　张：20
字　数：485千字
版　次：2022年9月第2版第9次印刷
定　价：49.80元(含同步练习)

总 序

世界职业教育发展的经验和我国职业教育发展的历程都表明,职业教育是提高国家核心竞争力的要素之一。职业教育这一重要作用和地位,主要体现在两个方面。其一,职业教育承载着满足社会需求的重任,是培养为社会直接创造价值的高素质劳动者和专门人才的教育。职业教育既是经济发展的需要,又是促进劳动就业的需要。其二,职业教育还承载着满足个性需求的重任,是促进以形象思维为主的具有另类智力特点的青少年成才的教育。职业教育既是保证教育公平的需要,又是教育协调发展的需要。

这意味着,职业教育不仅有着自己的特定目标——满足社会经济发展的人才需求及与之相关的就业需求,而且有着自己的特殊规律——促进不同智力群体的个性发展及与之相关的智力开发。

长期以来,由于我们对职业教育作为一种类型教育的规律缺乏深刻的认识,加之学校职业教育又占据绝对主体地位,因此,职业教育与经济、企业联系不紧,导致职业教育的办学模式未能冲破"供给驱动"的束缚,教学方法也未能跳出学科体系的框架,所培养的职业人才,其职业技能的专深不够、职业工作的能力不强,与行业、企业的实际需求,以及我国经济发展的需要相距甚远。实际上,这也不利于个人通过职业这个载体实现自身所应有的生涯发展。

因此,要遵循职业教育的规律,强调校企合作、工学结合,在"做中学",在"学中做",就必须进行教学改革。职业教育教学应遵循"行动导向"的教学原则,强调"为了行动而学习"、"通过行动来学习"和"行动就是学习"的教育理念,让学生在由实践情境构成的以过程逻辑为中心的行动体系中获取过程性知识,去解决"怎么做"(经验)和"怎么做更好"(策略)的问题,而不是在由专业学科构成的以架构逻辑为中心的学科体系中去追求陈述性知识,只解决"是什么"(事实、概念等)和"为什么"(原理、规律等)的问题。由此,作为教学改革核心课程的改革成功与否,就成为职业教育教学改革成功与否的关键。

当前,在学习和借鉴国内外职业教育课程改革成功经验的基础之上,工作过程导向的课程开发思想已逐渐为职业教育战线所认同。所谓工作过程,是"在企业里为完成一件工作任务并获得工作成果而进行的一个完整的工作程序",是一个综合的、时刻处于运动状态但结构相对固定的系统。与之相关的工作过程知识,是情境化的职业经验知识与普适化的系统科学知识的交集,它"不是关于单个事务和重复性质工作的知识,而是在企业内部关系中将不同的子工作予以连接的知识"。以工作过程逻辑展开的课程开发,其内容编排以典型职业工作任务及实际的职业工作过程为参照系,按照完整行动所特有的"资讯、决策、计划、实施、检查、评价"结构,实现学科体系的解构与行动体系的重构,实现于变化的具体的工作过程之中获取不变的思维过程完整性的训练,实现实体性技术、规范性技术通过过程性技术的物化。

近年来,教育部在中等职业教育和高等职业教育领域,组织了我国职业教育史上最大的职业教育师资培训项目——中德职教师资培训项目和国家级骨干师资培训项目。这些骨干教师通过学习、了解、接受先进的教学理念和教学模式,结合中国的国情,开发了更适合我国国情、更具有中国特色的职业教育课程模式。

华中科技大学出版社结合我国正在探索的职业教育课程改革,邀请我国职业教育领域的专家、企业技术专家和企业人力资源专家,特别是接受过中德职教师资培训或国家级骨干教师培训的中等职业学校的骨干教师,为支持、推动这一课程开发项目应用于教学实践,进行了有意义的探索——工作过程导向课程的教材编写。

华中科技大学出版社的这一探索有两个特点。

第一,课程设置针对专业所对应的职业领域,邀请相关企业的技术骨干、人力资源管理者,以及行业著名专家和院校骨干教师,通过访谈、问卷和研讨,由企业技术骨干和人力资源管理者提出职业工作岗位对技能型人才在技能、知识和素质方面的要求,结合目前我国中职教育的现状,共同分析、讨论课程设置中存在的问题,通过科学合理的调整、增删,确定课程门类及其教学内容。

第二,教学模式针对中职教育对象的智力特点,积极探讨提高教学质量的有效途径,根据工作过程导向课程开发的实践,引入能够激发学习兴趣、贴近职业实践的工作任务,将项目教学作为提高教学质量、培养学生能力的主要教学方法,把"适度"、"够用"的理论知识按照工作过程来梳理、编排,以促进符合职业教育规律的新的教学模式的建立。

在此基础上,华中科技大学出版社组织出版了这套工作过程导向的中等职业教育"十一五"规划教材。我始终欣喜地关注着这套教材的规划、组织和编写的过程。华中科技大学出版社敢于探索、积极创新的精神,应该大力提倡。我很乐意将这套教材介绍给读者,衷心希望这套教材能在相关课程的教学中发挥积极作用,并得到读者的青睐。我也相信,这套教材在使用的过程中,通过教学实践的检验和实际问题的解决,能够不断得到改进、完善和提高。我希望,华中科技大学出版社能继续发扬探索、研究的作风,在建立具有中国特色的中等职业教育和高等职业教育的课程体系的改革中,作出更大的贡献。

是为序。

教育部职业技术教育中心研究所
《中国职业技术教育》杂志主编
学术委员会秘书长
中国职业技术教育学会
理事、教学工作委员会副主任
职教课程理论与开发研究会主任
姜大源 研究员 教授
2008 年 7 月 15 日

第二版前言

本书是根据教育部《中华人民共和国职业技能鉴定规范》中数控车工职业技能标准为依据,参照德国双元制的教学模式,并结合当前实际组织编写的,注重了理论与实际操作技能相结合。

本书率先突破了数控技术应用专业传统教材的呈现形式,以零件的数控车削加工工作过程为导向,以项目为载体,以具体工作任务为驱动力,注重学习过程控制。在具体的教学内容上融趣味性、实用性为一体,并创新了"逆向工作"任务。

本书(第一版)于2008年出版,主要在全国中等职业学校和技工学校的数控技术应用专业教学中使用。全书图文并茂、通俗易懂、精练实用、通用性强,受到了广大师生的一致肯定,被认为是一本"既方便教,又方便学"的数控技术应用专业的新型教材。已被华中科技大学出版社将其作为优秀中职教材申报到教育部,参加全国中等职业教育改革创新示范教材遴选。

出版至今,本书(第一版)已经得到国内二十多所中职学校的选用,已重印四次,使用效果很好,具体表现在以下几方面:

(1) 满足实际生产需要,具有较好的针对性;

(2) 便于教学组织,具有良好的可操作性;

(3) 体现数控机床操作的特点、要求及规范。

经过四年的使用,承蒙各位同行的厚爱,为本书指出了一些错漏,提出了一些合理建议,结合数控技术应用专业的发展,编者对本教材进行了修订再版。

第二版主要在以下方面对第一版进行了修订:

(1) 为了加强教学的互动性,增加了部分任务的"思考和交流"内容;

(2) 在任务2-3中,增加了有关"数控车削刀具材料"的知识;

(3) 对书中的一些错漏进行了订正和补充;

(4) 结合全国职业院校技能大赛的精神,为了让更多的中职学生接触大赛,特加入竞赛案例供学生练习。

　　本书(第二版)主要由湖北省武汉市第二轻工业学校禹诚老师和武汉市机电工程学校张春凤老师、广东南雄市中等职业学校廖建华老师进行修订。

　　我们衷心期待继续得到各位同行及专家的批评指正!

编　者

2012 年 6 月

第一版前言

　　近年来,数控机床的应用日益广泛,企业对掌握数控技术应用的技能型人才的需求年年增加,培养数控技术应用领域的专业技能型人才十分迫切。在这种情况下,多位长期从事中职数控技术应用专业教学并参加了全国中职学校数控/机电专业骨干教师赴德培训班的教师通力合作,针对我国中职学校生源特点,结合国外先进的职业教育理念及多年的数控技术应用职业教学经验,以培养学生学习能力及操作技能为目的,编写了本教材,包括"教程"和"同步练习"两册,本册为"教程"。

　　"教程"共分五个项目,以零件的数控车削加工工作过程为主线,以具体的工作任务为驱动力,引导读者系统地掌握零件的数控加工工艺方案的定制、刀具选择、程序编制、机床操作及零件检测等各项工作。"同步练习"的练习内容与"教程"对应。

　　本书介绍的指令是以国产数控系统——华中数控世纪星 HNC-21T 为根据的。为了方便读者学习其他系统,本书在附录中介绍了国外的 FANUC 和 SINUMERIK 802D 数控系统编程指令。

　　本书由湖北省武汉市第二轻工业学校禹诚主编。参加本书编写的人员有武汉市第二轻工业学校禹诚(编写项目三的部分内容、项目四和附录1～3)、陕西省电子工业学校马海彦(编写项目一)、潍坊工商职业学院宋英超和吕宜忠(编写项目二和附录4)、湖南岳阳中南工业学校杨志国(编写项目三的部分内容)、太原交通学校张瑜胜(编写项目五的部分内容和附录5)、武汉机电工程学校张春凤(编写项目五的部分内容)、武汉市第二轻工业学校朱玉霞、高明和李杰(编写项目三和项目五的部分内容)。

　　由于编者的水平和经验所限,书中难免有错漏,恳请同行专家和读者批评指正。

编　者

2008.4.29

目 录

项目一　数控车床的认识与基本操作

项目二　零件的工艺分析

项目三　数控车削程序编制

项目四 ▶ 程序的输入、编辑与校验

项目五 ▶ 零件的加工与检测

附 录 ▶ 宏指令与编程指令

项目一

数控车床的认识与基本操作

【教学重点】

· 数控车床的认识
· 数控车床控制面板的认识
· 数控车床的坐标系
· 数控车床的手动操作
· 数控车床的对刀

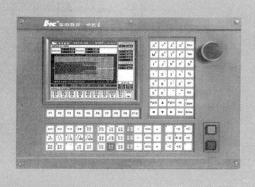

教 学 建 议

序　　号	任　　务	建 议 学 时	建议教学方式	备　　注
1	任务 1-1	2	讲授、示范教学、辅导教学	
2	任务 1-2	2	讲授、示范教学、辅导教学	
3	任务 1-3	1	讲授、示范教学、辅导教学	
4	任务 1-4	1	讲授、示范教学、辅导教学	
5	任务 1-5	2	讲授、示范教学、辅导教学	
总计		8		

教 学 准 备

序　　号	任　　务	设 备 准 备	刀量具准备	材 料 准 备
1	任务 1-1	数控车床 10 台		
2	任务 1-2	数控车床 10 台		
3	任务 1-3	数控车床 10 台		
4	任务 1-4	数控车床 10 台		
5	任务 1-5	数控车床 10 台	外圆车刀 10 把、游标卡尺 10 把	$\phi 30 \times 100$ 尼龙棒或 45 钢 10 根

注：以每 40 名学生为一教学班，每 3~5 名学生为一个任务小组。

教 学 评 价

序　　号	任　　务	教 学 评 价		
1	任务 1-1	好□	一般□	差□
2	任务 1-2	好□	一般□	差□
3	任务 1-3	好□	一般□	差□
4	任务 1-4	好□	一般□	差□
5	任务 1-5	好□	一般□	差□

任务 1-1   数控车床的认识

任务 1-1   任务描述

认真观察一台数控车床后，指出图 1-1 中数控车床各部分的名称及功能。

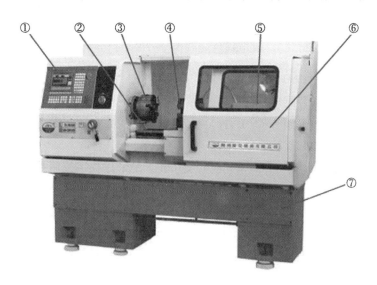

图 1-1   数控车床

任务 1-1   工作过程

第 1 步   阅读与该任务相关的知识。

第 2 步   仔细观察数控车间的数控机床，了解各组成部分的名称及功能。图 1-1 中数控车床各部分的名称及功能见表 1-1。

表 1-1   数控车床各部分名称及功能

序　　号	名　　称	功　　能
①	数控装置	主要功能是接收输入装置的信号，经过编译、插补运算和逻辑处理后，输出信号和指令到伺服系统，进而控制机床的各个部分进行动作
②	导轨	起导向及支承作用，它的精度、刚度及结构形式等对机床的加工精度和承载能力有直接影响
③	卡盘	夹持工件
④	刀塔	安装刀具
⑤	尾座	用于安装顶尖、钻头等
⑥	防护门	安全防护作用
⑦	床身	支撑数控车床各部件

任务 1-1　相关知识

与普通车床相似，数控车床是应用最广泛的一种数控机床。在数控车床上可以加工精度和表面粗糙度要求较高、轮廓形状复杂或难以控制尺寸、带特殊螺纹的回转体零件。车削加工中心除了可以进行一般车削外，还可以进行径向和轴向铣削、曲面铣削、中心线不在零件回转中心的孔和径向孔的钻削等加工。

1. 几个概念

（1）数字控制（numerical control，NC）是一种借助数字、字符或其他符号对某一工作过程（如加工、测量、装配等）进行可编程控制的自动化方法。

（2）数控技术（numerical control technology）是采用数字控制的方法对某一工作过程实现自动控制的技术。

（3）数控机床（numerical control machine tools）是采用数字控制技术对机床的加工过程进行自动控制的一类机床。它是数控技术典型应用的例子。

（4）数控系统（numerical control system）是实现数字控制的装置。

（5）计算机数控系统（computer numerical control，CNC）是以计算机为核心的数控系统。

2. 数控机床的发展史

1952 年，Parsons 公司和 M. I. T. 公司合作研制了世界上第一台三坐标数控机床。

1955 年，第一台工业用数控机床由美国 Bendix 公司生产出来。从 1952 年至今，NC 机床按 NC 系统的发展经历了五代。其中，前三代 NC 系统，由于其数控功能均由硬件实现，故历史上又称其为"硬线 NC"。

第一代：1955 年，NC 系统由电子管组成，体积大，功耗大。

第二代：1959 年，NC 系统由晶体管组成，广泛采用印刷电路板。

第三代：1965 年，NC 系统采用小规模集成电路作为硬件，其特点是体积小，功耗低，可靠性进一步提高。

第四代：1970 年，NC 系统采用小型计算机取代专用计算机，其部分功能由软件实现，它具有价格低、可靠性高和功能多等特点。

第五代：1974 年，NC 系统以微处理器为核心，不仅价格进一步降低，体积进一步缩小，而且使真正意义上的机电一体化成为可能。这一代又可分为以下六个发展阶段。

1970 年：系统采用 CRT 显示、大容量磁泡存储器及可编程接口和遥控接口等。

1974 年：系统以微处理器为核心，有字符显示和自诊断功能。

1981 年：具有人机对话、动态图形显示及实时精度补偿功能。

1986 年：数字伺服控制诞生，大容量的交直流电机进入实用阶段。

1988 年：采用了高性能 32 位机为主机的主从结构系统。

1994 年：基于 PC 的 NC 系统诞生，使 NC 系统的研发进入了开放型、柔性化的新时代，新型 NC 系统的开发周期日益缩短。这是数控技术发展的又一个里程碑。

3. 数控车床的机构

CKA6150 数控车床主要由输入/输出装置、数控装置及辅助装置、伺服驱动系统及位置检测装置、机械主体四部分组成。数控机床组成框图如图 1-2 所示。

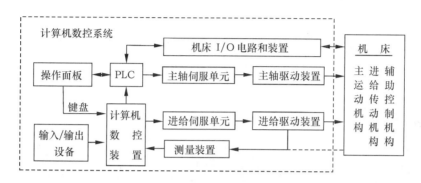

图 1-2　数控机床组成框图

1) 输入/输出装置

输入/输出装置是数控系统和操作人员进行信息交流的一种装置。

将数控程序输入到数控装置中，可采用以下三种方式。

（1）控制介质输入。主要控制介质有纸带、网络、磁盘、磁带等，目前纸带已逐渐被淘汰。

（2）手动输入。利用机床的显示屏及键盘输入加工程序，控制数控机床等。手动输入可分为两种：一种是手动数据输入（MDI），用于一些短的程序，只使用一次，机床动作后就消失；另一种是在编辑（EDIT）状态下，用键盘输入加工程序，存入控制装置内存中，可以反复使用。

（3）直接输入。目前，所有的数控系统基本上都配置有标准的串行口（RS-232 等串行口）、自动控制专用接口（DNC 方式，MAP 协议等），并有网络技术（internet，LAN 等）支持。可以使用数控装置的这些通讯接口，通过设置有关参数和传输软件，就可以直接读入在自动编程机上或其他计算机上编制好的程序。

2) 数控装置及辅助控制装置

数控装置是数控系统的核心，它的主要功能是接收输入装置的信号，经过编译、插补运算和逻辑处理后，输出信号和指令到伺服系统，进而控制机床的各个部分进行动作。例如，国产华中数控世纪星 HNC-21T 系统数控装置的操作面板如图 1-3 所示。

辅助控制装置是连接数控装置、机床机械和液压部件的控制系统。数控装置发出的主轴变

图 1-3　华中数控世纪星 HNC-21T
系统数控装置

速、刀具选择和辅助装置的动作等信号，经过编译和功率放大后驱动相应的电器、液压、气动、机械部件，使其完成相应的动作。

3）伺服驱动系统及检测装置

伺服系统是数控系统和机床本体之间的电传动联系环节，主要由伺服电动机、驱动控制系统、位置检测及反馈装置组成。伺服电动机是系统的执行元件，驱动控制系统则是伺服电动机的动力源。数控系统发出的指令信号与位置反馈信号比较后作为位移指令，再经过驱动系统的功率放大后，驱动电动机运转，通过机械传动装置带动工作台或刀架运动。图 1-4（a）所示是数控机床的交流伺服驱动单元，图 1-4（b）所示是数控机床的伺服电机，图 1-4（c）所示是数控机床的检测装置——光栅尺。

(a) 交流伺服驱动单元　　　　(b) 伺服电机　　　　(c) 光栅尺

图 1-4　数控机床的伺服和检测装置

4）机床本体

机床本体是数控机床的基础结构，与普通机床相似，由床身、主轴部件、冷却部件、润滑部件等组成。由于数控机床是高精度、高效率的自动化设备，因此必须具有更好的抗振性和刚度。

4. 数控机床的主要技术规格

CKA6150 数控机床的主要技术规格见表 1-2。

表 1-2　数控机床的主要技术规格

项　目	单　位	参　数
机床型号	—	CKA6150/1000
床身上最大回转直径	mm	$\phi500$
滑板上最大回转直径	mm	$\phi280$
最大加工长度	mm	930
主轴通孔直径	mm	$\phi82$
主电动机功率	kW	7.5，变频
主轴转速范围	r/min	45～2200，三挡
尾台套筒直径	mm	$\phi75$

项　　　目	单　　位	参　　数
尾台套筒锥孔	MT	No.5
X轴最大行程	mm	280
Z轴最大行程	mm	935
X/Z伺服电机	N·m	7.5/11
刀台快移速度（X/Z）	m/min	4/8
刀架刀位数	—	4/6（选配）
刀具安装尺寸	mm	25×25
机床外形（长×宽×高）	mm	2580×1450×1780
机床净重	kg	2600
机床系统	—	HNC-21T

5. 数控车削的加工特点及应用

1）数控机床的加工特点

与普通车削相比，数控车削的加工具有以下特点。

（1）对加工对象适应性强。在数控机床上要改变加工零件时只需要重新编制程序，不需要变换更多的夹具和重新调整机床，就可以快速地从加工一种零件转变为加工另一种零件，这给单件、小批量及新产品的试制提供了极大的便利。

（2）加工精度高，质量稳定。由于数控机床的制造特点，与普通机床相比，数控机床能够达到比较高的加工精度，对于一般的数控机床，定位精度能达到±0.01 mm，重复定位精度可达到±0.005 mm；而且，在加工过程中，操作人员不参与，这样就消除了人为误差。

（3）生产效率高。由于数控机床具有自动换刀、自动调速等功能，自动化程度高。另外，机床的刚性好，在加工过程中可以采用较高的转速和较大的切削用量，从而可有效地减少零件的加工时间和辅助时间。所以，数控机床的加工效率比普通机床要高几倍，尤其加工复杂的零件时，生产效率可以提高到十几倍甚至几十倍。

（4）劳动条件好。数控机床的自动化程度高，大大减轻了操作者的劳动强度。另外，数控机床一般采用封闭式加工，既清洁又安全，劳动条件得到了改善。

（5）有利于生产管理。由于目前所有的数控系统在加工过程中都能准确地计算出零件的加工时间，从而有利于编制生产计划、简化检验工作。此外，还可以对刀具、夹具进行规范化管理。

（6）价格昂贵。数控机床涉及机械、计算机、自动化控制、软件技术等诸多领域，总体价格昂贵，加工成本高。

（7）调试、维修较困难。由于数控机床涉及的领域较多，结构较复杂，所以其调试、维修较困难，要求其操作人员要经过专门的技术培训。

2）数控机床的应用

数控机床最适合加工以下零件。

（1）形状复杂的零件，特别是精度要求高、尺寸繁多或用数字定义的复杂曲线、曲面轮廓的零件，以及"口小肚大"的内成型面零件。

（2）多品种、中小批量生产的零件。图 1-5 标示了各种机床的使用范围，从中可以看出，在多品种、中小批量生产情况下，采用数控机床最为合理。

（3）不允许报废的关键性零件。

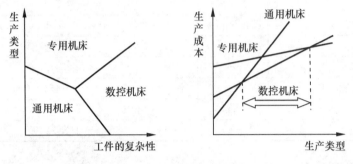

图 1-5　各种机床使用范围

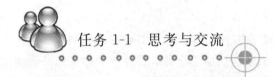

任务 1-1　思考与交流

1. 说说你所见过的数控机床，并比较它们的差别。

2. 你认为数控车床与普通车床相比，有什么区别？

3. 请将正确的选项填写在括号内。

（1）数控机床的诞生是在（　　）。

A. 20 世纪 50 年代　　　　　　　　　　B. 19 世纪 60 年代

C. 20 世纪 70 年代　　　　　　　　　　D. 19 世纪 80 年代

（2）数控机床的核心是（　　）。

A. 位置检测装置　　B. 数控系统　　　C. 传动系统　　　　D. 主轴箱

（3）"CNC"的含义是（　　）。

A. 数字控制　　　　B. 计算机数字控制　C. 网络控制　　　　D. 远程控制

任务 1-2　数控车床控制面板的认识

任务 1-2　任务描述

认真观察一台数控车床的控制面板，了解各功能按键的作用。国产数控系统 HNC-21T 的控制面板如图 1-6 所示，请指出各区域功能。

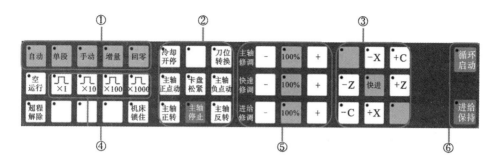

图 1-6　HNC-21T 的控制面板

任务 1-2　工作过程

第 1 步　阅读与该任务相关的知识。

第 2 步　仔细观察数控机床的控制面板，了解各功能键的名称及作用。HNC-21T 数控系统的控制面板上的各区域按键的功能见表 1-3。

表 1-3　HNC-21T 数控系统的控制面板功能

序　号	名　称	功　能
①	加工方式选择键	包括【自动】、【单段】、【手动】、【增量】、【回零】等工作方式选择键，用于选择机床的工作方式
②	辅助动作手动控制键	包括主轴控制、冷却液控制及换刀控制键
③	坐标轴移动手动控制键	包括 X 正反方向移动、Z 正反方向移动及快速移动键
④	增量倍率选择键	用于【增量】工作方式时的倍率选择
⑤	倍率修调键	包括主轴修调、快速修调和进给修调键
⑥	自动控制键	用于【自动】和【单段】工作方式下的机床控制
	其他键	包括空运行和机床锁住及超程解除等辅助动作按键

任务 1-2　相关知识

HNC-21T 数控系统的控制面板如图 1-6 所示，有"加工方式选择"按键、"辅助动作手动控制"按键、"坐标轴移动手动控制"按键、"倍率修调"按键、"增量倍率选择"按键、"自动控制"按键及其他按键。各按键的功能如下。

（1）██ 按键：用于机床的自动加工。

（2）██ 按键：用于单段程序的运行。在自动运行时，每按下一次██ 键，NC 系统执行一个程序段后自动停止。

（3）手动按键：选择此方式，可以手动控制机床，如手动换刀、手动移动机床各轴、主轴正反转等。

（4）增量按键：选择此方式，每按一次，机床将移动"一步"。定量移动机床坐标轴，移动距离由倍率调整（可控制机床精确定位，但不连续）。当手持盒打开后，"增量"方式变为"手摇"。倍率仍有效。可连续精确控制机床的移动。机床进给速度受操作者的手动速度和倍率控制。

（5）回零按键：用于机床返回参考点。

（6）空运行按键：用于程序的快速空运行，此时程序中的 F 代码无效。按下一次，指示灯亮，说明此状态选中，再按一次，指示灯暗。下面各按键同。

（7）超程解除按键：当坐标轴运行超程时，按下此按键并同时按下超程方向的反方向按键（比如＋X方向超程，按下－X方向按键），可解除超程。

（8）×1 ×10 ×100 ×1000 按键：增量方式下的倍率修调，基本单位是脉冲当量，即 0.001 mm，如按下×1000按键，其指示灯亮，其速度为 1 000×0.001＝1，也就是说，每按一次 X（Z)方向按键，相应移动 1 mm 的距离。

（9）机床锁住按键：按下此按键，当程序运行时，刀架并不移动。

（10）冷却开停按键：按一次此按键，指示灯亮，机床冷却液开启；再按下此按键，指示灯灭，机床冷却液关闭。

（11）刀位转换按键：在手动方式下，每按一次此按键，刀架将转动一个刀位。

（12）主轴正点动按键：按下此按键，主轴正方向点动。

（13）卡盘松紧按键：按一次此按键，卡盘将松开或夹紧；再按一次此按键，卡盘将夹紧或松开。

（14）主轴负点动按键：按下此按键，主轴负方向点动。

（15）主轴正转按键：在"MDI"方式已经初始化主轴转速的情况下，在手动方式下，按下此按键，主轴将按给定的速度正转。

（16）主轴停止按键：按下此按键，主轴停止。

（17）主轴反转按键：在"MDI"方式已经初始化主轴转速的情况下，在手动方式下，按下此按键，主轴将按给定的速度反转。

（18）主轴修调 － 100% ＋ 按键：主轴倍率修调按键，在主轴转动时，按下－按键，主轴转速降低；按下＋按键，主轴转速增加，当100%指示灯亮时，转速为程序设定的转速。

（19）快速修调 － 100% ＋ 按键：快速修调按键，修调刀架快速进给的速度。其按键的作用同上。

（20）进给修调 [− 100% +] 按键：进给修调按键，修调进给速度的倍率。

（21） [−Z 快进 +Z] 按键：在手动方式下，同时按下 −Z 和 快进 或同时按下 +Z 和 快进，可分别使刀架沿 Z 轴负方向或正方向快速移动，其移动速度由"快速修调"按键控制。

（22） [−X 快进 X+] 按键：在手动方式下，同时按下 −X 和 快进 或同时按下 +X 和 +Z，可分别使刀架沿 X 轴负方向或正方向快速移动，其移动速度由"快速修调"按键控制。

（23）循环启动 按键：用于程序的启动。在"自动"或"单段"工作方式下有效。按下此按键后，机床可进行自动加工或模拟加工。

（24）进给保持 按键：按下一次此按键，自动运行中的程序将暂停，进给运动停止，再按下循环启动 按键，程序恢复运行。

任务 1-2　思考与交流

1. 与你见过的机床控制面板作比较，看各种系统面板的异同。

2. 数控机床控制面板上的红色按键有几个？各有什么功能特点？

3. 请将正确的选项填写在括号内。

（1）当选择 增量 按键，即数控机床在【增量】加工方式下，按下 ×100 按键，使其指示灯亮，则数控机床的最小移动单位是（　　）毫米。

A. 0.001　　　　　　B. 0.01　　　　　　C. 0.1　　　　　　D. 1

（2）在数控机床的（　　）加工方式下，进给修调按键无效。

A. 自动　　　　　　B. 单段　　　　　　C. 手动　　　　　　D. 增量

（3）在数控机床的自动加工方式下，能进行手动切换的辅助动作控制键是（　　）。

A. 冷却开停　　　　B. 刀位转换　　　　C. 主轴停止　　　　D. 卡盘松紧

任务 1-3　数控车床坐标系的建立

任务 1-3　任务描述

某数控车床简图如图 1-7 所示，请指出该数控车床的坐标系。

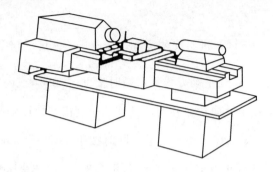

图 1-7　数控车床简图

任务 1-3　工作过程

第 1 步　阅读与该任务相关的知识。

第 2 步　仔细观察数控车床，辨别其 Z 轴及 X 轴的正方向。图 1-7 所示数控车床的坐标系如图 1-8 所示。

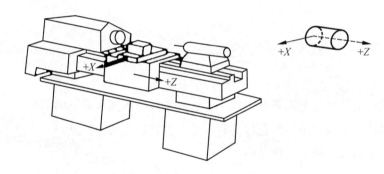

图 1-8　数控车床坐标系的判定

任务 1-3　相关知识

数控加工是基于数字的加工，刀具与工件的相对位置必须在相应坐标系下才能确立。为了便于描述机床的运动，简化编程及保证数据的互换性，数控机床的坐标系和运动方向国际上已有了标准化，即国际标准化组织（ISO）标准和美国电子工业协会（EIA）标准。

1. 坐标系的确定原则

我国根据 ISO 标准制定了 JB3051—1982《数字控制机床坐标系和运动方向的命名》，规定了坐标系的确定原则。

（1）标准的坐标系采用右手直角笛卡尔坐标系，基本坐标轴为 X 轴、Y 轴、Z 轴，相应的直角坐标轴的旋转轴分别为 A、B、C。如图 1-9 所示，基本坐标轴 X、Y、Z 的关系及其正方向用右手直角定则判定：大拇指为 X 轴，食指为 Y 轴，中指为 Z 轴。旋转坐标

＋A、＋B、＋C 则用右手螺旋定则判定：大拇指的指向为 X、Y、Z 的正方向，四指弯曲的方向为对应 A、B、C 轴的正向旋转方向。

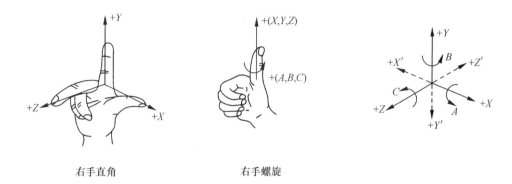

右手直角　　　　　　　　右手螺旋

图 1-9　坐标系的判定方法

（2）刀具相对于静止工件运动的原则。不论机床在加工过程中是工件静止、刀具运动，还是工件运动、刀具静止，在确定坐标系时，一律假定是刀具运动、工件静止，即刀具相对于静止的工件运动。

（3）增大工件与刀具之间距离的方向为坐标轴的正方向。假定工件是静止的，这句话可以理解为刀具远离工件的方向为坐标轴的正方向。

2. 坐标轴的判定方法

在判定机床坐标轴时，一般先判定 Z 轴，再判定 X 轴，最后按右手定则判定 Y 轴。其判定方法见表 1-4。

表 1-4　坐标轴的判定

坐 标 轴	判 定 方 法
Z 轴	数控车床的 Z 坐标轴是由传递主切削力的主轴确定的，与主轴的轴线平行的坐标轴为 Z 轴，如图 1-10 所示，刀具远离工件的方向为 Z 轴的正方向
X 轴	数控车床的 X 轴一般是工件的径向，且平行于工件的装夹面，如图 1-10 所示，刀具远离工件的方向为 X 轴的正方向
Y 轴	Y 轴垂直于 X、Z 轴，并根据右手直角笛卡尔坐标系判定

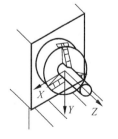

图 1-10　数控车床坐标轴的判定

3. 数控车床的机床坐标系和工件坐标系

1）机床坐标系、机床零点及机床参考点

机床坐标系是机床固有的坐标系，机床坐标系的原点称为机床零点或机床原点。在机床经过设计、制造和调整后，这个零点便被确定下来，它是固定的点。

数控装置上电时并不能确定机床零点，为了正确地在机床工作时建立机床坐标系，通常在每个坐标轴的移动范围内设置一个机床参考点（测量起点），机床启动时，通常都要进行机动或手动回参考点操作，以建立机床坐标系。

机床参考点可以与机床零点重合，也可以不重合。机床回到了参考点位置，也就知道了该坐标轴的零点位置，找到所有坐标轴的参考点，CNC就建立了机床坐标系。

机床坐标轴的机械行程是由最大和最小限位开关来限定的。机床坐标轴的有效行程范围是由软件限位来界定的，其值由制造商定义。机床零点（OM）、机床参考点（Om）、机床坐标轴的机械行程及有效行程的关系如图1-11所示。

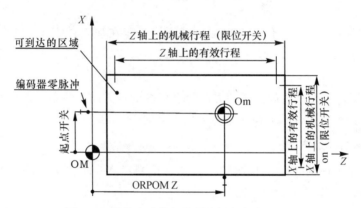

图 1-11 数控车床的机床原点与机床参考点

2）工件坐标系

工件坐标系是编程人员在编程时所设定的坐标系，是定义工件形状和刀具相对工件运动的坐标系，又称编程坐标系。工件坐标系原点称为工件原点，工件坐标系原点一般选在工件的左端面或右端面与主轴轴线的交点处，如图1-12所示。

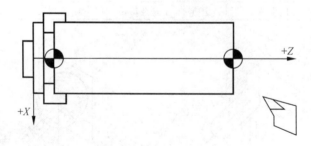

图 1-12 工件坐标系原点

任务 1-3　思考与交流

1. 数控车床的坐标系及其方向是如何确定的？
2. 前置刀架数控车床与后置刀架数控车床的坐标系有何区别？
3. 长 62.78、直径为 40 的棒料在数控车床上的装夹示意图如图 1-13 所示，设 O_1 为数控车床的机床零点，请问：
（1）工件右端面中心点 A 的机床坐标值是_____；
（2）工件左端面中心点 B 的机床坐标值是_____。

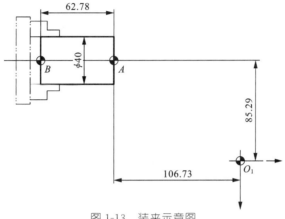

图 1-13　装夹示意图

任务 1-4　数控车床的手动操作

任务 1-4　任务描述

请按图 1-14 所示框图步骤，手动操作数控车床，并认真观察机床运行情况。

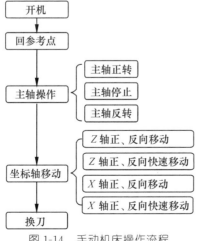

图 1-14　手动机床操作流程

任务 1-4　工作过程

第 1 步　阅读与该任务相关的知识。

第 2 步　熟悉操作要点。图 1-14 所示手动机床操作要点见表 1-5。

表 1-5　手动机床操作要点

序号	手动操作步骤		操 作 要 点
1		开机	先合上机床空气开关，再打开机床电柜开关，等待系统初始化。初始化完毕后系统的初始界面处于急停状态，松开急停开关（下压并向右旋转后松开），机床复位，完成开机操作
2		回参考点	按下 键，再按下 +X 和 +Z 键，等待 X、Z 轴方向回零（为了安全，注意一定要先让 X 方向回零）
3	主轴操作	主轴正转	按 键，选择手动工作方式（以下操作都在手动工作方式下）。按 主轴正转 键，用 + 和 − 键修调主轴转速，让主轴从低速到高速运行 1～3 min，并注意观察主轴速度
4		主轴停止	按 键，主轴立即停止
5		主轴反转	按 主轴反转 键，主轴反转，同样用 + 和 − 键修调主轴转速，并注意观察主轴速度，再按 键，让主轴停止
6	坐标轴移动	Z 轴正、反向移动	按 −Z 键不松开，刀架沿 Z 轴反（负）向连续移动；按 +Z 键不松开，刀架沿 Z 轴正向连续移动
7		Z 轴正、反向快速移动	同时按下 −Z 和 快进 键不松开，刀架沿 Z 轴反（负）向快速移动；同时按下 +Z 和 快进 键不松开，刀架沿 Z 轴正向快速移动
8		X 轴正、反向移动	按 −X 键不松开，刀架沿 X 轴反（负）向连续移动；按 +X 键不松开，刀架沿 X 轴正向连续移动
9		X 轴正、反向快速移动	同时按下 −X 和 快进 键不松开，刀架沿 X 轴反（负）向快速移动；同时按下 +X 和 快进 键不松开，刀架沿 X 轴正向快速移动
10		换刀	按 刀位选择 键，直到选择 3 号刀位，按 刀位转换 键，刀塔旋转，被选择的 3 号刀位换到加工位置。用相同的方式分别换上 2、4、1 号刀

任务 1-4　相关知识

数控车床的手动操作，一般有回参考点操作、坐标轴的控制、主轴的控制及其他辅助控制等。

1．回参考点操作

机床开机后，必须进行回参考点操作，操作方式有两种：手动回参考点和指令回参考点。

1）手动回参考点

手动回参考点的操作步骤如下。

（1）按下 ▣ 键，其指示灯亮，说明回零方式选中。

（2）按下轴方向（$\pm X$ 或 $\pm Z$，一般为正方向）的触摸键，选择要返回参考点的轴和方向（为了避免意外，一般先回 $\pm X$ 轴，然后再回 $\pm Z$ 轴）。

2）指令回参考点

通过回参考点指令（G28，G29），实现机床自动返回到参考点。一般适用于程序间回参考点，常用于数控铣床上。

2．坐标轴的控制

1）手动连续进给（JOG）

手动连续进给是便于操作者使刀架快速移动到目的地的操作方法，其操作步骤如下。

（1）按下 ▣ 键，其指示灯亮。

（2）按下 ▣ - 100% + 键的"－"或"＋"键，选择合适的快速倍率。

（3）按下进给轴（X 或 Z）的触摸键，同时按下 ▣ 触摸键，刀架将按要求快速运动。

2）增量进给（手动步进）和手轮进给

手动连续进给是按住轴方向和轴选择的触摸键，刀架将连续进给。与手动连续进给不同，增量进给只在按住轴方向和轴选择的触摸键的瞬间有效，即每按一下，机床将移动一步，常常用于精确的定位。

目前，数控机床都配备有如图 1-15 所示的手摇脉冲发生器，操作者可以用它方便地使用机床。操作方法是，按下刀架要移动的方向旋转手轮，$+Z$ 与 $+X$ 方向是顺时针旋转，$-Z$ 与 $-X$ 方向是逆时针旋转（速度可通过 ▣ ▣ ▣ ▣ 按键进行修调）。

图 1-15　手摇脉冲发生器

3．主轴控制

1）主轴正转

主轴正转的操作步骤如下。

（1）选择工作方式为手动方式。

（2）按下主轴"正转"按键，主轴将按照设定的转速进行正转。

（3）按下主轴"停止"或"反转"键，主轴正转停止。

2）主轴反转

主轴反转的操作步骤如下。

（1）选择工作方式为手动方式。

（2）按下主轴"反转"按键，主轴将按照设定的转速进行反转。

（3）按下主轴"停止"或"正转"键，主轴反转停止。

3）主轴停止

在"工作方式"为手动操作的状态下，按下主轴"停止"按键，主轴电动机将停止。

4．其他辅助控制

1）刀位的转换

在"工作方式"为手动的情况下，按一次"刀位转换"按键，转塔刀架将转动一个刀位。

2）冷却的启动和停止

按一次"冷却开停"按键，冷却液开，再按一次，冷却液将关闭，如此循环。

 任务 1-4 思考与交流

1．按下主轴正转按键，仔细观察主轴的旋转方向（顺时针或逆时针）。

2．前置刀架数控车床回零时，如果先回 Z 轴，可能存在什么安全隐患？

任务 1-5 数控车床的对刀

 任务 1-5 任务描述

设工件右端面中心为工件零点，请用试切法完成 01 号刀位上外圆车刀的对刀操作。

 任务 1-5 工作过程

第 1 步 将 $\phi60\times100$ 的棒料安装在三爪卡盘上，找正并夹紧，夹持长度约 20 mm。

第 2 步 将外圆车刀安装在 1 号刀位上，安装时注意刀尖要与主轴中心线同高。

第 3 步 手动车削外圆（一般车削量不用太大，外圆见光即可），长约 20 mm，保持 X 方向不变，将刀具沿 Z 轴正向退出工件表面，主轴停止，用游标卡尺测量已车削的外圆

直径。假设此时测量的直径为 57.70 mm（操作时为实际测量的直径）。

第 4 步 在系统的主菜单界面下，选择 F4 功能键，再选择 F1 功能键，系统切换到"绝对刀偏表"编辑界面，将光标移动到第一行的"试切直径"项，输入"57.70"（操作时为实际测量的直径），如图 1-16 所示，按回车键确认，注意观察其他项值的变化。

	华中数控	加工方式：自动		运行正常	10:33:01	运行程序索引	
当前加工行：N01 G90 G94 G97						1111	1
绝对刀偏表：						机床实际坐标	
刀偏号	X偏置	Z偏置	X磨损	Z磨损	试切直径	试切长度	X	-141.016
#0001	0.000	0.000	0.000	0.000	57.70	0.000	Z	-328.831
#0002	0.000	0.000	0.000	0.000	0.000	0.000	F	0.000
#0003	0.000	0.000	0.000	0.000	0.000	0.000	S	0
#0004	0.000	0.000	0.000	0.000	0.000	0.000	工件坐标零点	
#0005	0.000	0.000	0.000	0.000	0.000	0.000	X	-140.000
#0006	0.000	0.000	0.000	0.000	0.000	0.000	Z	-400.000
#0007	0.000	0.000	0.000	0.000	0.000	0.000		
#0008	0.000	0.000	0.000	0.000	0.000	0.000		

图 1-16 "试切直径"项的输入界面

第 5 步 手动车削端面（一般车削量不用太大，端面见光即可），保持 Z 向不变，将刀具退出工件表面。主轴停止，将光标移动到第一行的"试切长度"项，输入"0"，如图 1-17 所示，按回车键确认，注意观察其他项值的变化。

	华中数控	加工方式：自动		运行正常	12:21:42	运行程序索引	
当前加工行：N65 G03 X15.356 Z-47.490 R13						1111	14
绝对刀偏表：						机床实际坐标	
刀偏号	X偏置	Z偏置	X磨损	Z磨损	试切直径	试切长度	X	-182.496
#0001	-198.716	0.000	0.000	0.000	57.700	0	Z	-336.811
#0002	0.000	0.000	0.000	0.000	0.000	0.000	F	0.000
#0003	0.000	0.000	0.000	0.000	0.000	0.000	S	0
#0004	0.000	0.000	0.000	0.000	0.000	0.000	工件坐标零点	
#0005	0.000	0.000	0.000	0.000	0.000	0.000	X	-50.260
#0006	0.000	0.000	0.000	0.000	0.000	0.000	Z	0.000
#0007	0.000	0.000	0.000	0.000	0.000	0.000		
#0008	0.000	0.000	0.000	0.000	0.000	0.000		

图 1-17 "试切长度"项的输入界面

第 6 步 按 F10 功能键返回系统主菜单界面，外圆车刀对刀完毕。

任务 1-5 相关知识

对刀又称为刀偏量设置，是数控加工中的主要操作方法和重要技能。对刀的准确性决定了零件的加工精度，对刀效率还直接影响数控加工效率。

不同的数控机床对刀方法有所不同，但原理及其目的是相同的：通过对刀操作来确定随编程而变化的工件坐标系的程序原点在机床坐标系中的唯一位置。常用的对刀方法有两种：试切对刀法和对刀仪对刀法（机械和光学）。数控机床常用的对刀仪如图 1-18 所示。本书着重介绍常用的试切对刀法。

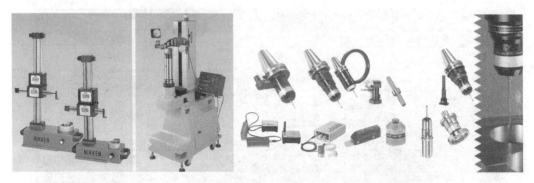

图 1-18　数控机床常用对刀仪

1. 试切对刀法的操作步骤

华中数控世纪星 HNC-21T 系统在完成开机及回零操作后的界面如图 1-19 所示。在"主菜单"下，按 F4 功能键，系统切换到"刀具补偿"菜单界面，如图 1-20 所示；在"刀具补偿"菜单下按 F1 功能键，系统切换到"绝对刀偏表"编辑界面，如图 1-21 所示。

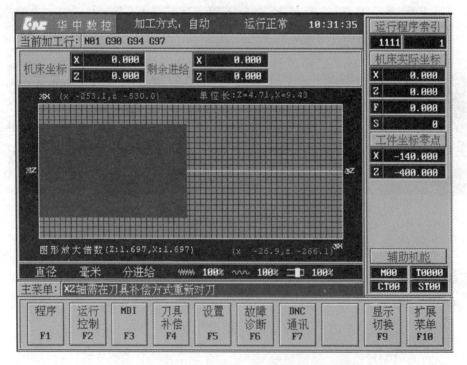

图 1-19　华中系统完成开机及回零操作后的界面

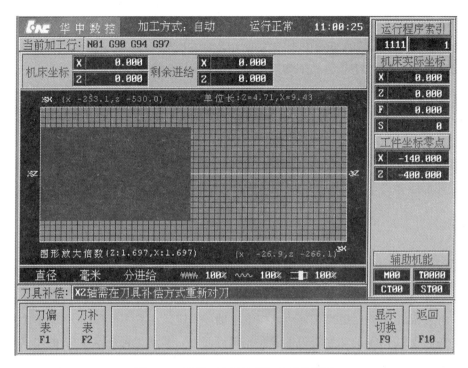

图 1-20 显示"刀具补偿"菜单的界面

图 1-21 "绝对刀偏表"编辑界面

在对刀时，一般是设定试切直径和试切长度，即 X 轴和 Z 轴的设定。

1）Z 轴的设定

（1）设定工件坐标系的原点位于工件的右端面与回转中心的交点处，用 01 号刀，如图 1-22 所示，在手动或手轮方式下切削工件的端面 A 处。

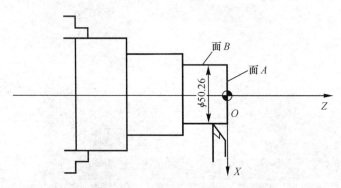

图 1-22　试切对刀示意图

（2）将刀架沿 X 方向退离工件后，按下主轴停止键。注意不能移动 Z 方向轴。

（3）在图 1-21 所示的"绝对刀偏表"编辑界面中，移动光标至♯0001 的"试切长度"处，输入数字"0"，按回车键确认。

2）X 轴的设定

（1）在手动或手轮方式下切削工件的外圆 B 处。

（2）将刀架沿 Z 方向退离工件后，按下主轴停止键。注意不能移动 X 方向轴。

（3）使用游标卡尺或千分尺测量 B 面的外径，如 50.26。

（4）在图 1-21 所示的"绝对刀偏表"编辑界面中，移动光标至♯0001 的"试切直径"处，输入数字"50.26"，按回车键确认。工件坐标系建立完毕。

如果是 02 号刀，只需把数值输入到♯0002 相应的位置，其他刀号的刀具对刀同理。

2．刀偏值的修改

不论哪一种对刀方法，都存在一定的对刀误差。当试车后发现工件的尺寸不符合图纸要求时，或者当加工零件时，刀具因磨损而产生偏差时，只需要在图 1-21 中修改"X 磨损"和"Z 磨损"，根据工件的实测尺寸进行刀偏值的修改即可调整，并不需要修改程序。

3．假想刀尖

在数控系统中，对于假想刀尖的方向，不同车刀其形状和位置是不一样的，各种刀尖方位有不同的编号，分别是 0～9。若刀尖中心与起始点一致，则刀尖方位编号为 0 和 9，如图 1-23 所示。

为了进行正确的刀补设置，在系统主菜单下，按 F4 功能键，再按 F2 功能键进入如图 1-24 所示的刀具的"刀补表编辑"界面，在"刀尖方位"项中填写对应的刀具刀尖编号即可。如外圆右偏刀的刀尖方位编号为 3。

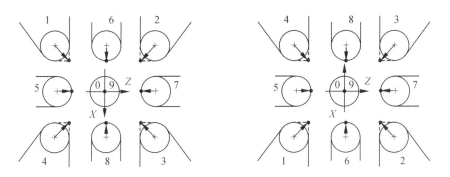

• 代表刀具刀位点A，+ 代表刀尖圆弧圆心O　　　　• 代表刀具刀位点A，+ 代表刀尖圆弧圆心O

图 1-23　假想刀尖方位编号

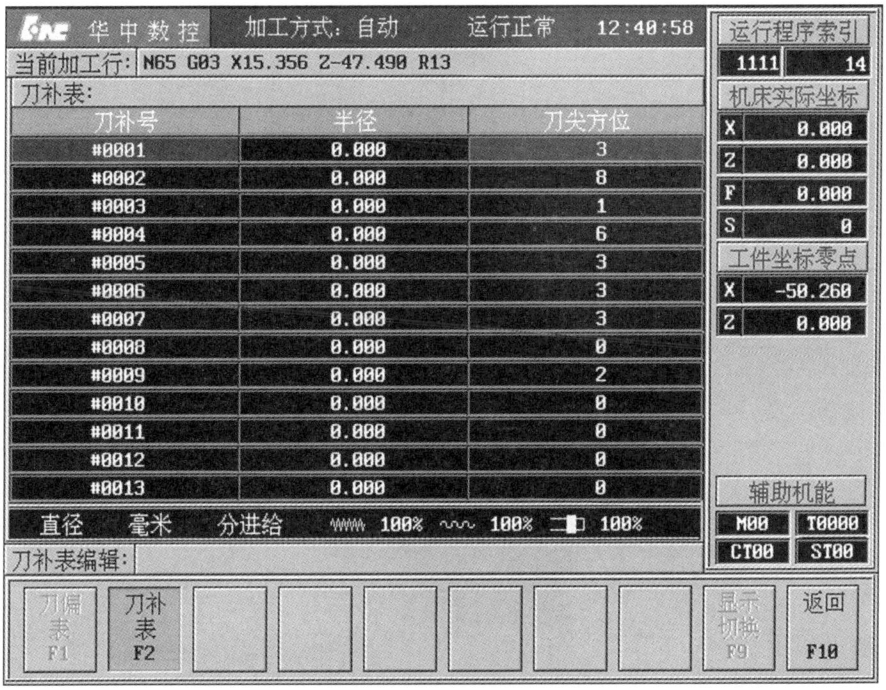

刀补号	半径	刀尖方位
#0001	0.000	3
#0002	0.000	8
#0003	0.000	1
#0004	0.000	6
#0005	0.000	3
#0006	0.000	3
#0007	0.000	3
#0008	0.000	0
#0009	0.000	2
#0010	0.000	0
#0011	0.000	0
#0012	0.000	0
#0013	0.000	0

图 1-24　"刀补表编辑"界面

任务 1-5　思考与交流

1. 如果设定的工件坐标系零点在右端面的中心右侧 5 mm，那么在试车端面后，输入系统的"试切长度"项应该是多少？

2. 除试切法和对刀仪对刀法外，你还知道哪些对刀方法。

3. 如果条件允许，请尝试用对刀仪对刀，并与试切对刀法相比较，说说其优缺点。

项目二

【教学重点】

· 工艺路线的确定
· 工件与刀具的装夹
· 数控车刀的选择
· 切削用量的选择
· 工艺卡片的填写

零件的工艺分析

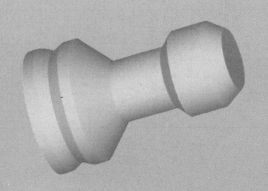

教 学 建 议

序　号	任　务	建 议 学 时	建 议 教 学 方 式	备　注
1	任务 2-1-1	1	讲授、分组讨论	
2	任务 2-1-2	1	讲授、分组讨论	
3	任务 2-2-1	1	讲授、分组讨论	
4	任务 2-2-2	1	讲授、分组讨论	
5	任务 2-3-1	1	讲授、分组讨论	
6	任务 2-3-2	1	讲授、分组讨论	
7	任务 2-4-1	1	讲授、分组讨论	
8	任务 2-4-2	1	讲授、分组讨论	
9	任务 2-5-1	1	讲授、分组讨论	
10	任务 2-5-2	1	讲授、分组讨论	
11	任务 2-5-3	2	讲授、分组讨论	
总计		12		

教 学 准 备

序　号	任　务	设 备 准 备	刀 具 准 备	材 料 准 备
1	任务 2-1-1			$\phi45\times200$ 棒料
2	任务 2-1-2			$\phi55\times160$ 棒料
3	任务 2-2-1			$\phi45\times100$ 棒料
4	任务 2-2-2			$\phi65\times78$ 棒料
5	任务 2-3-1			$\phi45\times95$ 棒料
6	任务 2-3-2			$\phi50\times75$ 棒料
7	任务 2-4-1			$\phi45\times82$ 棒料
8	任务 2-4-2			$\phi45\times200$ 棒料
9	任务 2-5-1			$\phi45\times350$ 棒料
10	任务 2-5-2			$\phi60\times200$ 棒料
11	任务 2-5-3			$\phi45\times200$ 棒料

注：以每 40 名学生为一教学班，每 3～5 名学生为一个任务小组。

教 学 评 价

序　号	任　务	教 学 评 价		
1	任务 2-1-1	好□	一般□	差□
2	任务 2-1-2	好□	一般□	差□
3	任务 2-2-1	好□	一般□	差□
4	任务 2-2-2	好□	一般□	差□
5	任务 2-3-1	好□	一般□	差□
6	任务 2-3-2	好□	一般□	差□
7	任务 2-4-1	好□	一般□	差□
8	任务 2-4-2	好□	一般□	差□
9	任务 2-5-1	好□	一般□	差□
10	任务 2-5-2	好□	一般□	差□
11	任务 2-5-3	好□	一般□	差□

任务 2-1 工艺路线的确定

任务 2-1-1 任务描述

已知毛坯直径为 45 mm、长度为 200 mm 的棒料，材料为 45 钢，试确定加工如图 2-1 所示的简易国际象棋棋子"兵"的工艺路线。

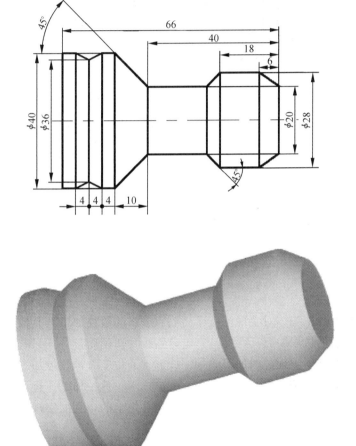

图 2-1 简易国际象棋棋子"兵"的零件图及实体图

任务 2-1-1 工作过程

第 1 步 分析零件图 2-2，确定加工简易国际象棋棋子"兵"的工艺路线；

第 2 步 按照先粗后精的加工原则，先切除如图 2-2 所示的虚线部分，为精加工留下

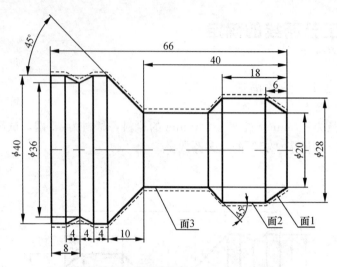

图 2-2　简易国际象棋棋子"兵"的工艺路线

较少且均匀的加工余量；然后按图样尺寸利用精加工一次切出零件轮廓，并保证精度要求。粗加工时按照先右后左的加工原则，先加工面 1，再加工面 2，然后加工面 3，最后加工 $\phi40$ 锥面；

第 3 步　切断工件，留 0.5 mm 的端面精加工余量；

第 4 步　调头夹持工件并找正，精车左端面，保证工件总长。

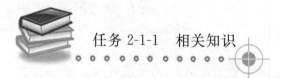

任务 2-1-1　相关知识

　　合理确定数控加工工艺对实现优质、高效和经济的数控加工具有极为重要的作用。其内容包括选择合适的机床、刀具、夹具、走刀路线及切削用量等，只有选择合适的工艺参数及切削策略才能获得较理想的加工效果。从加工的角度看，数控加工技术主要是围绕加工方法与工艺参数的合理确定及其实现的理论与技术。数控加工通过计算机控制刀具作精确的切削加工运动，是完全建立在复杂的数值运算之上的，它能实现传统的机加工无法实现的合理、完整的工艺规划。

1. 数控车削的加工过程

　　（1）根据零件加工图样进行工艺分析，确定加工方案、工艺参数和位移数据。

　　（2）用规定的程序代码和格式规则编写零件加工程序单，或用自动编程软件进行 CAD/CAM 工作，直接生成零件的加工程序文件。

　　（3）由手工编写的程序，可以通过数控机床的操作面板输入程序；由编程软件生成的程序，通过计算机的串行通信接口直接传输到数控机床的指挥系统。

　　（4）数控指挥系统将接收到的信号进行一系列处理后，再将处理结果以脉冲信号形式向伺服系统发出执行的命令。

（5）伺服系统接到执行的信息指令后，立即驱动车床的进给机构严格按照指令的要求进行位移，使车床自动完成相应零件的加工。

数控车床的工作过程如图 2-3 所示。

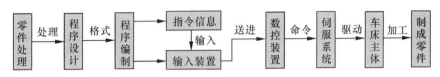

图 2-3 数控车床的工作过程

2. 数控车削加工工艺的主要内容

数控车削加工工艺的主要内容包括：

（1）零件图工艺分析；

（2）确定装夹方案；

（3）确定加工顺序及走刀路线；

（4）刀具选择；

（5）切削用量选择；

（6）数控加工工艺卡片拟定。

3. 分析零件图样

（1）分析零件的几何要素。首先从零件图的分析中，了解工件的外形、结构，以及工件上需加工的部位及其形状、尺寸精度和表面粗糙度；了解各加工部位之间的相对位置和尺寸精度；了解工件材料及其他技术要求。从中找出工件加工后必须达到的主要加工尺寸和重要位置的尺寸精度。

（2）分析了解工件的工艺基准。包括其外形尺寸、在工件上的位置、结构及与其他部位的相对关系等。对于复杂工件或较难辨工艺基准的零件图，尚需详细分析有关装配图，了解该零件的装配使用要求，找准工件的工艺基准。

（3）了解工件的加工数量。不同的加工数量所采用的工艺方案也不同。

4. 走刀路线的确定

走刀路线是刀具在整个加工工序中相对于零件的运动轨迹。它是编写程序的主要依据。加工顺序一般按先粗后精、先近后远的原则确定。先粗后精就是按照粗车、半精车、精车的顺序进行，在粗加工中先切除较多毛坯余量，如图 2-4 所示，切除双点画线以外的部分，为精加工留下较少且均匀的加工余量；当粗车后所留余量的均匀性不满足精加工的要求时，则需安排半精车。一般精车要按图样尺寸一次切出零件轮廓，并保证精度要求。先近后远是指距离对刀点最近的部位先加工，远的部位后加工。图2-4所示的精加工顺序依次是 $\phi24$、$\phi32$、$\phi40$，这种加工方法便于缩短刀具的移动距离，减少空行程。

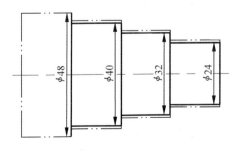

图 2-4 走刀路线的确定

确定走刀路线的一般原则是：

（1）保证零件的加工精度和表面粗糙度要求；

（2）缩短走刀路线，减少进退刀时间和其他辅助时间；

（3）方便数值计算，减少编程工作量；

（4）尽量减少程序段数。

◉ 任务 2-1-2　任务描述

已知毛坯直径为 55 mm、长度为 160 mm 的棒料，材料为 45 钢，试确定加工如图 2-5 所示工件的工艺路线。

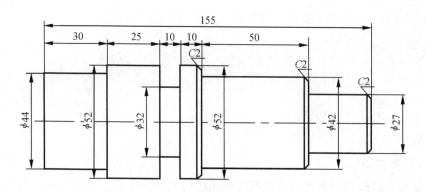

图 2-5　分析工艺路线零件图

任务 2-1-2　工作过程

第 1 步　分析零件图 2-5，确定工件的加工工艺路线；

第 2 步　粗车 $\phi44$、$\phi52$ 外圆，留余量 X 向 0.5 mm，Z 向 0.05 mm；

第 3 步　精车 $\phi44$、$\phi52$ 外圆至尺寸要求；

第 4 步　换切刀，切槽至要求尺寸；

第 5 步　零件掉头，夹 $\phi44$ 外圆（校正）；

第 6 步　车端面，加工零件总长至尺寸要求；

第 7 步　粗车 $\phi27$、$\phi42$ 外圆，留余量 X 向 0.5 mm，Z 向 0.05 mm；

第 8 步　精车 $\phi27$、$\phi42$ 外圆至尺寸要求。

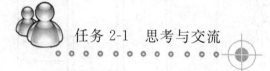

任务 2-1　思考与交流

1. 数控车削的加工过程是什么？

2. 数控车削加工工艺的主要内容有哪些？

3. 制定加工工艺路线的原则有哪些？

任务 2-2　工件与刀具的装夹

任务 2-2-1　任务描述

已知毛坯直径为 45 mm、长度为 100 mm 的棒料，材料为 45 钢，完成如图 2-6 所示的简易国际象棋棋子"象"的加工，试确定工件的装夹方法。

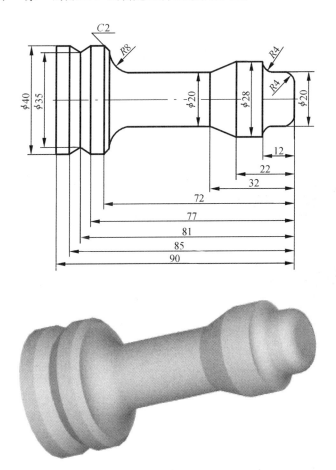

图 2-6　简易国际象棋棋子"象"的零件图及实体图

任务 2-2-1　工作过程

第 1 步　分析零件图 2-6，确定简易国际象棋棋子"象"的装夹方法。

第 2 步　选择如下常用装夹方式之一进行试装夹：

（1）三爪自定心卡盘装夹（通用夹具装夹）；

（2）四爪单动卡盘装夹；

（3）卡盘和顶尖装夹；

（4）两顶尖之间装夹。

由于此工件属于较长工件，加工过程中的受力主要是轴向力，所以宜采用左端是三爪卡盘、右端是顶尖的一夹一顶的装夹方式。

任务 2-2-1 相关知识

1. 数控车削工件的装夹

切削加工时，必须将工件放在机床夹具中定位和夹紧，使它在整个切削过程中始终保持正确的位置。工件装夹的质量和速度直接影响加工质量和劳动生产率。

1）三爪自定心卡盘的定位与夹紧

三爪自定心卡盘的结构如图 2-7 所示。

图 2-7 三爪自定心卡盘结构图

三爪卡盘一般不需要找正，但装夹长轴时，工件右端不一定正，所以同样要用划针盘或凭眼力校正。

应用三爪卡盘装夹已精加工过的表面时，被夹住的工件表面应包一层铜皮，以免夹伤工件表面。

三爪卡盘装夹工件方便、省时，但夹紧力没有四爪单动卡盘大，所以适用于装夹外形规则的中、小型工件，如圆棒料、薄圆形、正三角形和正六边形截面的短工件。用正爪夹工件时，工件直径不能太大，一般卡爪伸出量不超过卡爪长度的一半，否则卡爪与卡盘体的平面螺纹只咬合 2～3 牙，卡爪上的螺纹受力较大，容易失效，所以装夹大直径工件时，尽量用反爪装夹。

2）四爪单动卡盘的定位与夹紧

四爪单动卡盘的结构如图 2-8 所示。

由于四爪单动卡盘的四个卡爪各自独立运动，因此工件装夹时必须将加工部分的旋转中心找正，使刀尖与车床主轴旋转中心重合后才可车削。

因此，四爪单动卡盘不能自动定心，装夹时必须找正。找正包括外圆找正和端面找正。找正的方法是用手转动卡盘，用划针或百分表测出工件的外圆与端面的间隙并进行调整。

使用四爪单动卡盘时应注意如下几点。

（1）夹持部分不宜过长，一般为 10～15 mm 比较适宜。

图 2-8 四爪单动卡盘结构图

（2）为防止夹伤工件，装夹已加工表面时应垫铜皮。

（3）找正时不能同时松开两个卡爪，以防工件掉下来。

（4）找正时应在导轨上垫上木板，以防工件掉下砸伤导轨。

（5）工件找正后，四个卡爪的夹紧力要基本一致，以防车削过程中发生工件位移。

（6）当装夹较大的工件时，切削用量不宜过大。

3）用顶尖装夹工件

顶尖的结构如图 2-9 所示。

图 2-9　顶尖结构图

（1）一夹一顶装夹方法。在车削较重的长轴零件时，常采用一夹一顶的装夹方法，即卡盘夹持一端，另一端用尾座上的顶尖定位。该装夹方法刚性好，轴间定位准确，比较安全，能承受较大的轴向切削力。

（2）双顶尖装夹。当加工较长或工序较多的轴类工件时，为保证装夹精度，常采用双顶尖装夹：工件装夹在前后顶尖之间，由卡箍、拨盘带动旋转。前顶尖装在主轴上，与主轴一起旋转；后顶尖装在尾座上固定不动。

◉ 任务 2-2-2　任务描述

已知毛坯直径为 65 mm、长度为 78 mm 的棒料，材料为 45 钢，完成如图 2-10 所示工件的加工，试确定工件的装夹方法。

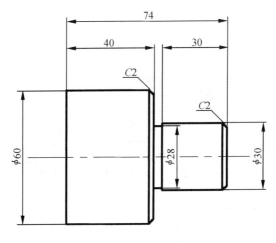

图 2-10　零件图

任务 2-2-2　工作过程

第 1 步　分析零件图 2-10，确定工件的装夹方法。

第 2 步　选择如下常用装夹方式之一进行试装夹：

（1）三爪自定心卡盘装夹（通用夹具装夹）；

（2）四爪单动卡盘装夹；

（3）卡盘和顶尖装夹；

（4）两顶尖之间装夹。

由于此工件属于长径比较小的工件，所以宜采用三爪自定心卡盘的装夹方式。

任务 2-2　思考与交流

1．简述利用三爪自定心卡盘装夹工件时的操作要点。

2．简述利用四爪卡盘装夹工件时的操作要点，以及使用过程中的有关注意事项。

3．利用顶尖装夹工件的类型有哪些？

任务 2-3　数控车刀的选择（车刀认识、车刀分类、车刀角度）

任务 2-3-1　任务描述

已知毛坯直径为 45 mm、长度为 95 mm 的棒料，材料为 45 钢，完成如图 2-11 所示的简易国际象棋棋子"马"的加工，试选择所需的数控车刀。

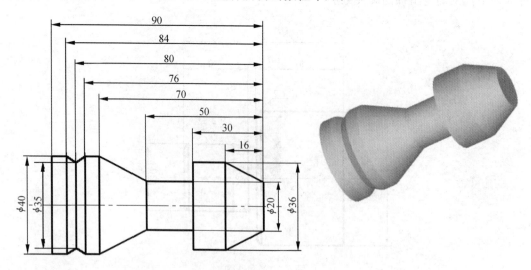

图 2-11　简易国际象棋棋子"马"的零件图及实体图

任务 2-3-1　工作过程

第 1 步　分析零件图 2-11，确定简易国际象棋棋子"马"加工时所用车刀的类型。

第 2 步　选硬质合金 90°右偏刀，用于粗、精加工右圆锥面、$\phi36$ 圆柱面、$\phi40$ 圆柱面；刀尖半径 $R=0.4$ mm，刀尖方位 $T=3$，置于 T01 刀位。

第 3 步　选硬质合金 93°左偏刀，用于粗、精加工圆锥面；刀尖半径 $R=0.4$ mm，刀尖方位 $T=4$，置于 T02 刀位。

第 4 步　选硬质合金切刀（刀宽为 4 mm），以左刀尖为刀位点，用于切断，置于 T03 刀位。

任务 2-3-1　相关知识

1. 数控车削刀具材料

当前的数控车削中，所使用的刀具材料有许多，不过应用最多的还是工具钢（碳素工具钢、合金工具钢、高速钢）和硬质合金类普通刀具材料，也有部分新型特殊材料，以下分别介绍这些刀具材料。

1）高速钢

高速钢是一种含钨、钼、铬、钒等合金元素较多的工具钢。高速钢具有良好的热稳定性，在 500～600 ℃ 的高温环境里仍能切削，与碳素工具钢、合金工具钢相比，切削速度可提高 1～3 倍，刀具耐用度可提高 10～40 倍。高速钢还具有较高的强度和韧性，如抗弯强度为一般硬质合金的 2～3 倍，陶瓷的 5～6 倍，且具有一定的硬度（63～70 HRC）和耐磨性。适用于制造形状复杂的刀具，但不适用于高速切削加工。

2）硬质合金

硬质合金是由难熔金属碳化物（如 TiC、WC、NbC 等）和金属黏结剂（如 Co、Ni 等）经粉末冶金方法制成的，是目前数控加工中应用最广泛的刀具材料。硬质合金中高熔点、高硬度碳化物含量高，因此硬质合金在常温下硬度很高，达到 78～82 HRC，热熔性好，热硬性可达 800～1000 ℃，切削速度比高速钢的提高 4～7 倍。硬质合金的缺点是脆性大，抗弯强度和抗冲击韧性不强。抗弯强度只有高速钢的 1/3～1/2，冲击韧性只有高速钢的 1/4～1/35。

普通硬质合金按其化学成分的不同，可分为以下四类。

钨钴类（WC+Co），合金代号为 YG，对应于国标 K 类。这种合金中钴含量越高，韧性越好，适用于粗加工；而钴含量较低时，适用于精加工。

钨钛钴类（WC+TiC+Co），合金代号为 YT，对应于国标 P 类。此类合金有较高的硬度和耐热性，主要用于加工切屑成呈带状的钢件等塑性材料。合金中 TiC 含量越高，则耐磨性和耐热性提高，但强度降低。因此，粗加工一般选择 TiC 含量较少的材料，精加工则选择 TiC 含量较多的材料。

　　钨钛钽（铌）钴类（WC＋TiC＋TaC 或 Nb＋Co），合金代号为 YW，对应于国标 M 类。此类硬质合金不但适用于加工冷硬铸铁、有色金属及合金半精加工，也能用于高锰钢、淬火钢、合金钢及耐热合金钢的半精加工和精加工。

　　碳化钛基类（WC＋TiC＋Ni＋Mo），合金代号 YN，对应于国标 P01 类。一般用于精加工和半精加工，对于大长零件且加工精度较高的零件尤其适合，但不适用于有冲击载荷的粗加工和低速切削。

　　3）陶瓷刀具

　　陶瓷刀具材料主要由硬度和熔点都很高的 Al_2O_3、Si_3N_4 等氧化物和氮化物组成，另外还有少量的金属碳化物、氧化物等添加剂，通过粉末冶金工艺方法制粉，再压制烧结而成。常用的陶瓷刀具有两种：Al_2O_3 基陶瓷和 Si_3N_4 基陶瓷。

　　陶瓷刀具优点是有很高的硬度和耐磨性，硬度达 91～95 HRA，耐磨性是硬质合金的 5 倍；刀具寿命比硬质合金高。陶瓷刀具具有很好的热硬性，当切削温度为 760 ℃时，具有 87 HRA（相当于 66 HRC）硬度；当切削温度达 1 200 ℃时，仍能保持 80 HRA 的硬度；同时，陶瓷刀具的摩擦系数低，切削力比硬质合金的小，用陶瓷刀具加工时能提高加工件的表面粗糙度。

　　陶瓷刀具缺点是强度和韧性差，热导率低；脆性大，抗冲击性能很差。

　　此类刀具一般应用于高速精加工高硬度材料。

　　4）金刚石刀具

　　金刚石是碳的同素异构体，具有极高的硬度。目前使用的金刚石刀有三类：天然金刚石刀具、人造聚晶金刚石刀具和复合聚晶金刚石刀具。

　　金刚石刀具具有如下优点：极高的硬度和耐磨性，人造金刚石的硬度达 10 000 HV，耐磨性是硬质合金的 60～80 倍；切削刃锋利，能实现超精密微量加工和镜面加工；很高的导热性。

　　金刚石刀具的缺点是耐热性差，强度低，脆性大，对振动很敏感。

　　此类刀具主要应用于高速条件下精加工有色金属及其合金、非金属材料。

　　5）立方氮化硼刀具

　　立方氮化硼（简称 CBN）是由立方氮化硼为原料在高温、高压下合成的。

　　CBN 刀具的主要优点是硬度高（其硬度仅次于金刚石），热稳定性好，较高的导热性和较小的摩擦系数；其缺点是强度和韧性较差，抗弯强度仅为陶瓷刀具的 1/5～1/2。CBN 刀具适用于加工高硬度淬火钢、冷硬铸铁和高温合金材料。它不宜加工塑性大的钢件和镍基合金，也不适合加工铝合金和铜合金，通常采用负前角的切削参数进行高速切削。

　　各种切削刀具材料的硬度和韧性比对如图 2-12 所示。

2. 数控车床用车刀

　　1）常用数控车刀的种类和用途

　　刀具的选择是数控车削加工工艺设计的重要内容之一。数控车削加工对刀具的要求较普通机床的高，不仅要求其刚性好、切削性能好、耐用度高，而且要求安装调整方便。根据刀头与刀体的连接方式，车刀可分为整体式、焊接式及机夹式三大类。整体式车刀的刀

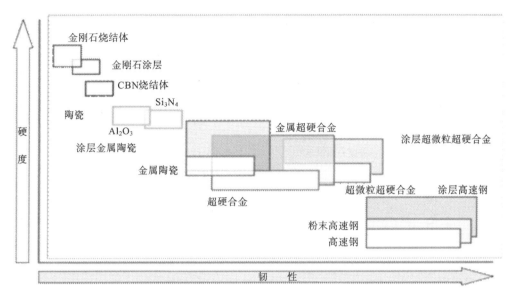

图 2-12 切削刀具材料的硬度和韧性比对图

头和刀柄用同样的材料制成,通常为高速钢,其刀柄较长(如图 2-13 所示);焊接式车刀的切削部分(刀片)是由硬质合金制成的,刀柄是用中碳钢制成的,刀片和刀柄焊接成一个整体(见图 2-14);机夹式车刀是将硬质合金刀片用机械夹固方法装夹在标准化刀体上,它可分为机夹重磨式车刀和机夹转位式车刀(见图 2-15)。机夹重磨式车刀采用重磨式单刃硬质合金刀片;机夹转位式车刀采用多边形多刃硬质合金刀片。当一个刀刃磨钝后,只需将夹紧机构松开,把刀片转过一定角度换成另一个新的切削刃,便可继续切削。数控车床车刀多为焊接式和机夹式,目前已广泛使用机夹转位式车刀。

图 2-13 整体式车刀

图 2-14 焊接式车刀

图2-15 机夹转位式车刀

2）数控车削刀具的选择

（1）常用数控车刀的形状和名称如图 2-16 所示。

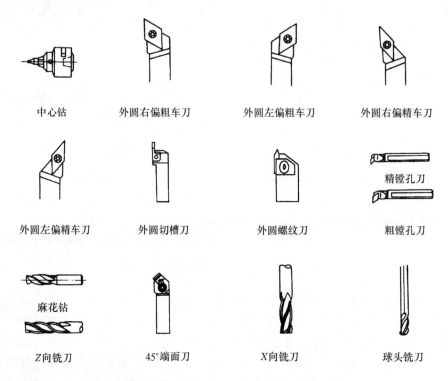

中心钻　　　外圆右偏粗车刀　　　外圆左偏粗车刀　　　外圆右偏精车刀

外圆左偏精车刀　　　外圆切槽刀　　　外圆螺纹刀　　　精镗孔刀／粗镗孔刀

麻花钻

Z向铣刀　　　45°端面刀　　　X向铣刀　　　球头铣刀

图 2-16　部分数控车刀的形状和名称

（2）数控车床机夹转位式车刀的特点见表 2-1。

表 2-1　数控车床机夹转位式车刀的特点

要　求	特　点	目　的
精度高	刀片采用 M 级或更高精度等级；刀杆多采用精密级；用带微调装置的刀杆在机外预调好	保证刀片重复定位精度，方便坐标设定，保证刀尖位置精度
可靠性高	用断屑可靠性高的断屑槽形或有断屑台和断屑器的车刀；采用结构可靠的车刀，采用复合式夹紧结构和夹紧可靠的其他结构	断屑稳定，不能有紊乱和带状切屑；适应刀架快速移动和换位以及整个自动切削过程中夹紧不得有松动的要求
换刀迅速	用车削工具系统；采用快换小刀夹	迅速更换不同形式的切削部件，完成多种切削加工，提高生产效率
刀片材料	较多采用涂层刀片	满足生产节拍要求，提高加工效率
刀杆截形	较多采用正方形刀杆，但因刀架系统结构差异大，有的需采用专用刀杆	刀杆与刀架系统匹配

（3）机夹可转位车刀的选择。数控车床一般使用标准的机夹可转位车刀，其主要目的是为了减少时间和对刀方便，便于实现标准化。

（4）机夹转位式车刀刀片形状的选择。刀片形状主要根据被加工零件的表面形状、切削方法、刀具寿命和刀片的转位次数等因素选取。被加工表面形状与适用的刀片及刀片型号见国家标准 GB/T 2076—1987《切削刀具可转位刀片型号表示规则》。

常见机夹可转位车刀刀片形状如图 2-17 所示。

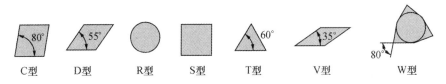

C型　　D型　　R型　　S型　　T型　　V型　　W型

图 2-17　常用硬质合金车刀刀片

3）刀具的安装与刃磨

（1）刀具安装应注意两点：一是车刀刀尖应与车床主轴轴线等高；二是车刀刀头伸出长度一般以刀杆厚度的 1.5～2 倍为宜。

（2）刀具的刃磨。机夹可转位车刀的刀片在切削过程中承受着较大的切削力和切削温度作用，容易产生磨损，磨损量超过标准时必须换刀。可转位车刀刀片的磨钝标准参考值见表 2-2。

表 2-2　可转位车刀刀片的磨钝标准

车刀类型	加工材料	加工性质	后刀面最大磨损限度/mm
外圆车刀 端面车刀 内圆车刀	碳钢、合金钢	粗车	1.0～1.4
		精车	0.4～0.6
	铸铁	粗车	0.8～1.0
		精车	0.6～0.8
	耐热钢、不锈钢	粗、精车	0.8～1.0
	淬硬钢	精车	0.8～1.0
切刀	钢、铸钢	—	0.4～0.6
	灰铸铁	—	0.6～0.8

数控车床除使用可转位车刀外，也可用普通车刀，但对变钝的车刀应及时刃磨。目前广泛采用氧化铝和碳化硅砂轮磨削刀具。白色氧化铝砂轮用于高速钢车刀的刃磨；绿色碳化硅砂轮用于硬质合金车刀的刃磨。

硬质合金车刀磨刀的一般步骤是：

（1）先用氧化铝砂轮磨刀杆的多余部分；

（2）再用碳化硅砂轮磨刀头的后角、副偏角；

（3）磨前刀面和断屑槽，并倒圆角；

（4）用油石研磨各刀面。

注意事项如下：

（1）磨刀时，操作者应站在砂轮侧面，以防伤人，并戴防护镜；

（2）磨刀时，应使用砂轮圆周面的中间部位，并左右移动刀具，以使砂轮磨损均匀，再用砂轮圆周面平整；

（3）磨硬质合金车刀时，严禁用水冷却刀头，以防刀头沾水急冷产生裂纹。

◎ 任务 2-3-2 任务描述

已知毛坯直径为 50 mm、长度为 75 mm 的棒料，材料为 45 钢，完成如图 2-18 所示工件的加工，试选择所需的数控车刀。

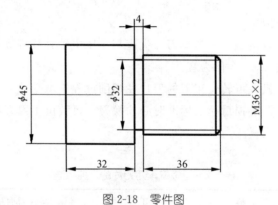

图 2-18 零件图

任务 2-3-2 工作过程

第 1 步 分析零件图 2-18，确定工件加工时所用车刀的类型。

第 2 步 选硬质合金 90°右偏刀，用于粗、精加工 ϕ36 圆柱面、ϕ45 圆柱面；刀尖半径 $R=0.4$ mm，刀尖方位 $T=3$，置于 T01 刀位。

第 3 步 选硬质合金切刀（刀宽为 4 mm），以左刀尖为刀位点，用于切槽，置于 T03 刀位。

第 4 步 选硬质合金螺纹刀，切削螺纹，刀尖方位 $T=8$，置于 T04 刀位。

任务 2-3 思考与交流

1. 常用数控车刀的种类及其用途分别是什么？

2. 简述数控车床机夹转位式车刀的特点。

3. 简述硬质合金车刀磨刀的一般步骤。

任务 2-4 切削用量的选择

任务 2-4-1 任务描述

已知毛坯直径为 45 mm、长度为 82 mm 的棒料，材料为 45 钢，完成如图 2-19 所示简易国际象棋棋子"车"的加工，试选择切削用量。

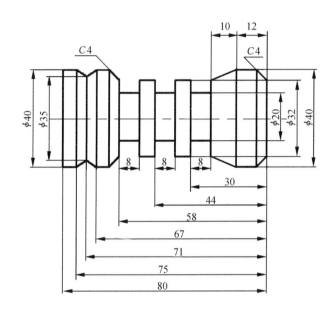

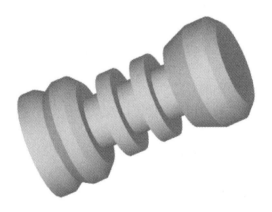

图 2-19 简易国际象棋棋子"车"的零件图及实体图

任务 2-4-1 工作过程

第 1 步 分析零件图 2-19，确定简易国际象棋棋子"车"加工时的切削用量。

第 2 步 本工件的加工主要分为粗加工外圆面、精加工外圆面、切槽与切断共三个工序。查表 2-6 可得如下参考数据。

（1）粗加工外圆面时：

背吃刀量 $a_p=2.5$ mm；

主轴转速 $n=600$ r/min；

进给量 $f=0.25$ mm/r。

（2）精加工外圆面时：

背吃刀量 $a_p=0.5$ mm；

主轴转速 $n=800$ r/min；

进给量 $f=0.1$ mm/r。

（3）切槽时：

背吃刀量 $a_p=4$ mm；

主轴转速 $n=300$ r/min；

进给量 $f=0.05$ mm/r。

任务 2-4-1 相关知识

1. 切削用量的选择

选择切削用量的目的是在保证加工质量和刀具耐用度的前提下，使切削时间最短，生产率最高，成本最低。

切削用量包括背吃刀量（切削深度）a_p、进给量 f 和主轴转速 n（切削速度 v）。主轴转速取决于选用的机床切削速度及工件直径；背吃刀量由机床的功率及刀具和工件的硬度确定；进给量按零件加工精度、表面粗糙度选取。

切削用量的选择原则是：粗车时为了提高生产率，首先选择一个尽可能大的背吃刀量，其次选择一个较大的进给量，最后确定一个合适的切削速度。精车时为了保证加工精度和表面粗糙度要求，选用较小的背吃刀量、进给量和较大的主轴转速（注意：在选择切削用量时，应注意机床所允许的切削用量的范围）。

1）背吃刀量 a_p 的确定

零件上已加工表面与待加工表面之间的垂直距离称为背吃刀量。

背吃刀量主要根据车床、夹具、刀具、零件的刚度等因素决定。粗加工时，在条件允许的情况下，尽可能选择较大的背吃刀量，以减少走刀次数，提高生产率；精加工时，通常选择较小的背吃刀量，以保证加工精度及表面粗糙度。

2）进给量 f 的确定

进给量是切削用量中的一个重要参数。粗加工时，进给量在保证刀杆、刀具、车床、零件刚度的前提下，选用尽可能大的 f 值；精加工时，进给量主要受表面粗糙度的限制，当表面粗糙度要求较高时，应选择较小的 f 值。硬质合金车刀粗车外圆及端面时的进给量见表 2-3；按表面粗糙度选择进给量见表 2-4。

表 2-3 硬质合金车刀粗车外圆及端面时的进给量

工件材料	工件直径/mm	背吃刀量/mm		
		<3	3～5	5～8
		进给量/（mm/r）		
铸铁 青铜 铝合金	<20	0.3～0.4	—	—
	20～40	0.4～0.5	0.3～0.4	—
	40～60	0.5～0.7	0.4～0.6	0.3～0.5
	60～100	0.6～0.9	0.5～0.7	0.5～0.6
碳钢 合金钢	<40	0.4～0.5	—	—
	40～60	0.5～0.8	0.5～0.8	0.4～0.6
	60～100	0.8～1.2	0.7～1.0	0.6～0.8

表 2-4 按表面粗糙度选择进给量

工件材料	表面粗糙度/μm	切削速度/（m/min）	刀尖圆弧半径/mm		
			0.5	1.0	2.0
			进给量/（mm/r）		
铸铁 青铜 铝合金	6.3	不限	0.25～0.40	0.40～0.50	0.50～0.60
	3.2		0.15～0.25	0.25～0.40	0.40～0.60
	1.6		0.10～0.15	0.15～0.20	0.20～0.35
碳钢 合金钢	6.3	≤50	0.30～0.50	0.45～0.60	0.55～0.70
		>50	0.40～0.55	0.55～0.65	0.65～0.70
	3.2	≤50	0.18～0.25	0.25～0.30	0.30～0.40
		>50	0.25～0.30	0.30～0.35	0.30～0.50
	1.6	≤50	0.10	0.11～0.15	0.15～0.22
		50～100	0.10～0.16	0.16～0.25	0.25～0.35
		≥100	0.16～0.20	0.20～0.35	0.25～0.35

3）主轴转速 n 的确定

在保证刀具的耐用度及切削负荷不超过机床额定功率的情况下选定切削速度。粗加工时，背吃刀量和进给量均较大，故选较低的切削速度；精加工时，则选较高的切削速度。主轴转速要根据允许的切削速度 v 来选择。

由切削速度 v 计算主轴转速的公式如下。

$$n = 1\,000v/(\pi d)$$

v：切削速度，单位为 m/min。

d：零件直径，单位为 mm。

n：主轴转速，单位为 r/min。

硬质合金外圆车刀切削速度参考值见表 2-5。

表 2-5 硬质合金外圆车刀切削速度参考值

工件材料	热处理状态	背吃刀量/mm	
		0.3～2	2～6
		进给量（mm/r）	
		0.08～0.3	0.3～0.6
		切削速度/（m/min）	
低碳钢	热轧	140～180	100～120
中碳钢	热轧	130～160	90～110
	调质	100～130	70～90
合金结构钢	热轧	100～130	70～90
	调质	80～110	50～70
工具钢	退火	90～120	70～90
灰铸铁	HBS≤190	90～120	70～90
	190≤HBS≤225	80～110	50～70
铜及铜合金	—	不限	不限
铝及铝合金	—	不限	不限

切削用量的具体数值可参阅机床说明书、切削用量手册，并结合实际经验而确定，表 2-6 是参考了切削用量手册并结合学生实习的特点而确定的切削用量选择参考表。

表 2-6 切削用量选择参考表

零件材料及毛坯尺寸	加工内容	背吃刀量 a_p/mm	主轴转速 n/(r/min)	进给量 f/(mm/r)	刀具材料
45 钢，直径 $\phi20 \sim \phi60$ 坯料，内孔直径 $\phi13 \sim \phi20$	粗加工	1～2.5	300～800	0.15～0.4	硬质合金（YT 类）
	精加工	0.25～0.5	600～1000	0.08～0.2	
	切槽、切断（切刀宽度 3～5mm）	—	300～500	0.05～0.1	
	钻中心孔	—	300～800	0.1～0.2	高速钢
	钻孔	—	300～500	0.05～0.2	高速钢

◎ 任务 2-4-2　任务描述

已知毛坯直径为 45 mm、长度为 200 mm 的棒料，材料为 45 钢，完成如图2-20所示工件的加工，试选择切削用量。

任务 2-4-2 工作过程

第 1 步 分析零件图 2-20，确定加工时的切削用量。

第 2 步 本工件的加工主要分为粗加工外圆面、右倒角及精加工外圆面、左倒角与切断共三个工序。查表 2-6 可得如下参考数据。

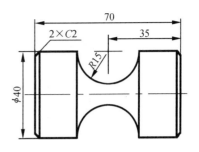

图 2-20 零件图

(1) 粗加工外圆面时：

背吃刀量 $a_p = 2.0$ mm；

主轴转速 $n = 600$ r/min；

进给量 $f = 0.25$ mm/r。

(2) 右倒角及精加工外圆面时：

背吃刀量 $a_p = 0.5$ mm；

主轴转速 $n = 800$ r/min；

进给量 $f = 0.1$ mm/r。

(3) 左倒角与切断时：

背吃刀量 $a_p = 4$mm；

主轴转速 $n = 300$ r/min；

进给量 $f = 0.05$ mm/r。

任务 2-4 思考与交流

1. 选择切削用量的原则是什么？
2. 应如何合理规范地选择切削用量？

任务 2-5 工艺卡片的填写

任务 2-5-1 任务描述

已知毛坯直径为 45 mm、长度为 350 mm 的棒料，材料为 45 钢，试填写加工如图 2-21 所示简易国际象棋棋子"后"的工艺卡片。

任务 2-5-1 工作过程

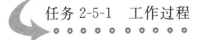

第 1 步 分析零件图 2-21，填写数控加工刀具卡。数控加工刀具卡见表 2-7。

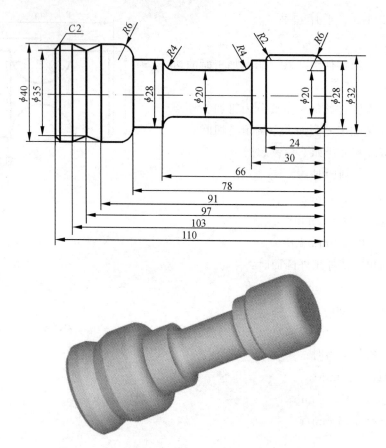

图 2-21 简易国际象棋棋子"后"的零件图及实体图

表 2-7 数控加工刀具卡

产品名称或代号		国际象棋棋子	零件名称	后	零件图号		05	
序号	刀具号	刀具名称	数量	加工表面	刀尖半径 R/mm	刀尖方位 T	备注	
1	T01	硬质合金外圆 62.5°尖刀	1	粗车外圆面	0.8	3		
2	T02	硬质合金外圆 62.5°尖刀	1	精车外圆面	0.2	3		
3	T03	硬质合金切刀	1	切槽、切断	—	8		
编制		审核	批准		日期		共 1 页	第 1 页

第 2 步 填写数控加工工序卡。数控加工工序卡见表 2-8。

表 2-8 数控加工工序卡

单位名称		产品名称或代号		零件名称		零件图号	
		国际象棋棋子		后		05	
工序号	程序编号	夹具名称		使用设备		车间	
005	O1005	三爪自定心卡盘		CK6140 数控车床		数控车间	
工步号	工步内容	刀具号	刀具规格 R/mm	主轴转速 n/(r/min)	进给量 f/(mm/r)	背吃刀量 a_p/mm	备注
1	粗车外圆面	T01	0.8	600	0.25	2.5	
2	精车外圆面	T02	0.2	800	0.1	0.5	
3	切槽、切断	T03	—	300	0.05	4	
编制		审核	批准		日期	共 1 页	第 1 页

第 3 步 填写数控加工程序单（略）。

任务 2-5-1 相关知识

编写数控加工工艺文件是数控加工工艺设计的内容之一。这些工艺文件既是数控加工和产品验收的依据，也是操作者必须遵守和执行的规程，还为重复使用做了必要的工艺资料积累。该文件主要包括数控加工工序卡、数控刀具卡、零件加工程序单等。不同的数控机床和加工要求，工艺文件的内容和格式有所不同。因目前尚无统一的国家标准，各企业可根据自身特点制定出相应的工艺文件。下面介绍企业中应用的几种主要工艺文件。

1. 数控加工刀具卡

数控加工对刀具的要求十分严格，一般要在机外用对刀仪调整好刀具的位置和长度。刀具卡主要反映刀具编号、刀具名称、刀具数量、刀具规格等内容。它是调刀人员准备和调整刀具、机床操作人员输入刀补参数的主要依据。表 2-9 是数控车削加工刀具卡的一种格式。

表 2-9 数控加工刀具卡

产品名称或代号			零件名称			零件图号		
序号	刀具号	刀具名称	数量	加工表面		刀尖半径 R/mm	刀尖方位 T	备注
编制		审核	批准		日期		共 1 页	第 1 页

2. 数控加工工序卡

数控加工工序卡是编制加工程序的主要依据和操作人员进行数控加工的指导性文件。数控加工工序卡与普通机械加工工序卡有较大区别。数控加工一般采用工序集中方式，每一加工工序可划分为多个工步。数控加工工序卡包括：工步顺序、工步内容、各工步使用的刀具和切削用量等。它不仅是编程人员编制程序时必须遵循的基本工艺文件，同时也是指导操作人员进行数控机床操作和加工的主要资料。数控加工工序卡可采用不同的格式和内容，表 2-10 是数控车削加工工序卡的一种格式。

表 2-10　数控加工工序卡

单位名称		产品名称或代号		零件名称		零件图号	
工序号	程序编号	夹具名称		使用设备		车间	
工步号	工步内容	刀具号	刀具规格 R/mm	主轴转速 n/(r/min)	进给量 f/(mm/r)	背吃刀量 a_p/mm	备注
编制		审核	批准		日期	共 1 页	第 1 页

3. 数控加工程序单

数控加工程序单是编程人员根据工艺分析情况，经过数值计算，按照数控机床的程序格式和指令代码特点编制的。它是记录数控加工工艺过程、工艺参数、位移数据的清单，可帮助操作者正确理解加工程序的内容，是手动数据输入（MDI）实现数控加工的主要依据。不同的数控机床和数控系统，程序单的格式是不一样的。表 2-11 是常用的数控车削加工程序单的格式。

表 2-11　数控加工程序单

程序名：

程序段号	程序内容	说明

程序名：

程序段号	程序内容	说明

◎▶ 任务 2-5-2　任务描述

已知毛坯直径为 60 mm、长度为 200 mm 的棒料，材料为 45 钢，试编写加工如图2-22所示工件所需的工艺卡片。

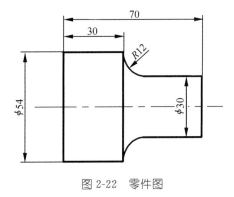

图 2-22　零件图

任务 2-5-2 工作过程

第 1 步 分析零件图 2-21，填写数控加工刀具卡。数控加工刀具卡见表 2-12。

表 2-12 数控加工刀具卡

产品名称或代号		工艺设计零件	零件名称	工艺零件	零件图号		15	
序号	刀具号	刀具名称	数量	加工表面	刀尖半径 R/mm	刀尖方位 T	备注	
1	T01	硬质合金外圆 93°偏刀	1	粗车外圆面	0.8	3		
2	T02	硬质合金外圆 93°偏刀	1	精车外圆面	0.2	3		
3	T03	硬质合金切刀	1	切槽、切断	—	8		
编制		审核		批准		日期	共1页	第1页

第 2 步 填写数控加工工序卡。数控加工工序卡见表 2-13。

表 2-13 数控加工工序卡

单位名称		产品名称或代号		零件名称		零件图号	
		工艺设计零件		工艺零件		15	
工序号	程序编号	夹具名称		使用设备		车间	
005	01015	三爪自定心卡盘		CK6140 数控车床		数控车间	
工步号	工步内容	刀具号	刀具规格 R/mm	主轴转速 n/(r/min)	进给量 f/(mm/r)	背吃刀量 a_p/mm	备注
1	粗车外圆面	T01	0.8	600	0.25	2.0	
2	精车外圆面	T02	0.2	800	0.1	0.5	
3	切槽、切断	T03	—	300	0.05	4	
编制		审核	批准		日期	共1页	第1页

第 3 步 填写数控加工程序单（略）。

任务 2-5-2 思考与交流

1. 数控加工刀具卡、工序卡和数控加工程序单的作用分别是什么？

2. 在填写数控加工刀具卡、工序卡和数控加工程序单时应注意哪些问题？

👁 任务 2-5-3   任务描述

已知毛坯直径为 45 mm、长度为 200 mm 的棒料，材料为 45 钢，分析加工如图 2-23 所示简易国际象棋棋子"王"的工艺路线、装夹工件的方法、数控车刀的选择、切削用量的选择，并填写数控加工刀具卡、工序卡。

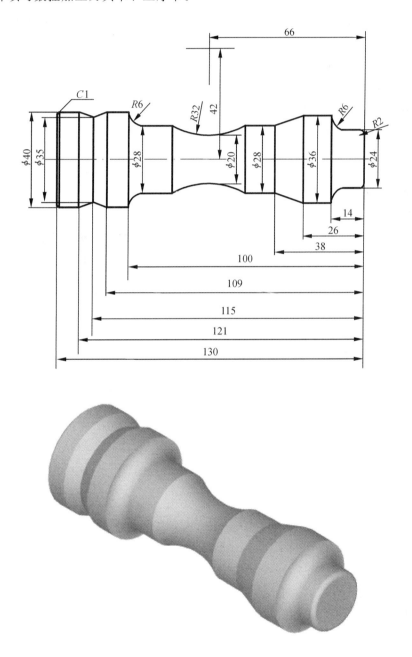

图 2-23   简易国际象棋棋子"王"的零件图及实体图

 任务 2-5-3 工作过程

第 1 步 确定加工路线。

（1）按照先粗后精的加工原则，先进行粗加工，为精加工留下 0.5 mm 的加工余量；然后按图样尺寸利用精加工一次切出零件轮廓，并保证精度要求。

（2）粗加工时，按照先右后左的加工原则，先加工 $\phi24$ 外圆面，再加工 $\phi28$ 外圆面和 R32 凹圆弧面，然后加工 $\phi35$ 圆锥面。

第 2 步 确定装夹工件的方法。分析零件图 2-22，确定加工时的装夹方案。其中常用的装夹方式有如下几种：

（1）三爪自定心卡盘装夹（通用夹具装夹）；

（2）四爪单动卡盘装夹；

（3）卡盘和顶尖装夹；

（4）两顶尖之间装夹。

由于此工件属于较长工件，加工过程中的受力主要是轴向力，所以宜采用左端是三爪卡盘、右端是顶尖的一夹一顶的装夹方式。

第 3 步 选择数控车刀。分析零件图 2-22，确定加工时所用车刀的类型。

（1）选硬质合金93°粗加工右偏刀，用于粗加工圆柱面、圆锥面和凹圆弧面，刀尖半径 $R=0.8$ mm，刀尖方位 $T=3$，置于 T01 刀位；

（2）选硬质合金93°精加工右偏刀，用于精加工圆柱面、圆锥面和凹圆弧面，刀尖半径 $R=0.2$ mm，刀尖方位 $T=3$，置于 T02 刀位；

（3）选硬质合金切刀（刀宽为 4 mm），以左刀尖为刀位点，用于切左倒角和切断，置于 T03 刀位。

第 4 步 选择切削用量。本工件的加工主要分为粗加工外圆面、精加工外圆面、左倒角与切断共三个工序。查表 2-6 可得如下参考数据。

（1）粗加工外圆面时：

背吃刀量 $a_p=2.0$ mm；

主轴转速 $n=600$ r/min；

进给量 $f=0.25$ mm/r。

（2）精加工外圆面时：

背吃刀量 $a_p=0.5$ mm；

主轴转速 $n=800$ r/min；

进给量 $f=0.1$ mm/r。

（3）左倒角与切断时：

背吃刀量 $a_p=4$ mm；

主轴转速 $n=300$ r/min；

进给量 $f=0.05$ mm/r。

第 5 步 编写加工工艺文件。

（1）填写数控加工刀具卡。数控加工刀具卡见表 2-14。

表 2-14 数控加工刀具卡

产品名称或代号		国际象棋棋子	零件名称	王	零件图号		06
序号	刀具号	刀具名称	数量	加工表面	刀尖半径 R/mm	刀尖方位 T	备注
1	T01	硬质合金外圆 93°偏刀	1	粗车外圆面	0.8	3	
2	T02	硬质合金外圆 93°偏刀	1	精车外圆面	0.2	3	
3	T03	硬质合金切刀	1	切左倒角、切断	—	9	
编制		审核		批准	日期	共 1 页	第 1 页

（2）填写数控加工工序卡。数控加工工序卡见表 2-15。

表 2-15 数控加工工序卡

单位名称		产品名称或代号		零件名称		零件图号	
		国际象棋棋子		王		06	
工序号	程序编号	夹具名称		使用设备		车间	
005	01006	三爪自定心卡盘、顶尖		CK6140 数控车床		数控车间	
工步号	工步内容	刀具号	刀具规格 R/mm	主轴转速 n/(r/min)	进给量 f/(mm/r)	背吃刀量 a_p/mm	备注
1	粗车外圆面	T01	0.8	600	0.25	2.0	
2	精车外圆面	T02	0.2	800	0.1	0.5	
3	切左倒角、切断	T03	—	300	0.05	4	
编制		审核	批准		日期	共 1 页	第 1 页

（3）填写数控加工程序单（略）。

项目三

数控车削程序编制

【教学重点】

· 数控程序结构
· 数控编程基本功能
  指令
· 直线插补G00、G01的
  应用
· 圆弧进给G02、G03的
  应用
· 简单循环G80、G81的
  应用
· 复合循环G71、G72、
  G73的应用
· 刀尖圆弧半径补偿
  G40、G41、G42的应用
· 螺纹车削G32、G82、
  G76的应用

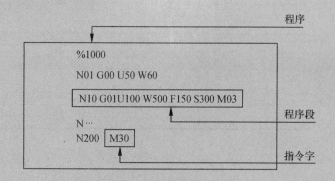

教 学 建 议

序　号	任　务	建议学时	建议教学方式	备　注
1	任务 3-1	1	讲授、分组讨论、仿真教学	
2	任务 3-2-1	2	讲授、分组讨论、仿真教学	
3	任务 3-2-2	1	讲授、分组讨论、仿真教学	
4	任务 3-3-1	1	讲授、分组讨论、仿真教学	
5	任务 3-3-2	1	讲授、分组讨论、仿真教学	
6	任务 3-4-1	2	讲授、分组讨论、仿真教学	
7	任务 3-4-2	1	讲授、分组讨论、仿真教学	
8	任务 3-5-1	2	讲授、分组讨论、仿真教学	
9	任务 3-5-2	1	讲授、分组讨论、仿真教学	
10	任务 3-6-1	2	讲授、分组讨论、仿真教学	
11	任务 3-6-2	1	讲授、分组讨论、仿真教学	
12	任务 3-6-3	1	讲授、分组讨论、仿真教学	
13	任务 3-7-1	2	讲授、分组讨论、仿真教学	
14	任务 3-7-2	1	讲授、分组讨论、仿真教学	
15	任务 3-8-1	2	讲授、分组讨论、仿真教学	
16	任务 3-8-2	1	讲授、分组讨论、仿真教学	
总计		22		

教 学 准 备

序　号	任　务	设 备 准 备	刀 具 准 备	材 料 准 备
1	任务 3-1	数控车床 10 台或仿真教学机房 1 个		
2	任务 3-2-1	数控车床 10 台或仿真教学机房 1 个		
3	任务 3-2-2	数控车床 10 台或仿真教学机房 1 个		
4	任务 3-3-1	数控车床 10 台或仿真教学机房 1 个		
5	任务 3-3-2	数控车床 10 台或仿真教学机房 1 个		
6	任务 3-4-1	数控车床 10 台或仿真教学机房 1 个		
7	任务 3-4-2	数控车床 10 台或仿真教学机房 1 个		
8	任务 3-5-1	数控车床 10 台或仿真教学机房 1 个		
9	任务 3-5-2	数控车床 10 台或仿真教学机房 1 个		
10	任务 3-6-1	数控车床 10 台或仿真教学机房 1 个		
11	任务 3-6-2	数控车床 10 台或仿真教学机房 1 个		
12	任务 3-6-3	数控车床 10 台或仿真教学机房 1 个		
13	任务 3-7-1	数控车床 10 台或仿真教学机房 1 个		
14	任务 3-7-2	数控车床 10 台或仿真教学机房 1 个		
15	任务 3-8-1	数控车床 10 台或仿真教学机房 1 个		
16	任务 3-8-2	数控车床 10 台或仿真教学机房 1 个		

注：以每 40 名学生为一教学班，每 3～5 名学生为一个任务小组。

教 学 评 价

序　号	任　务	教 学 评 价		
1	任务 3-1	好□	一般□	差□
2	任务 3-2-1	好□	一般□	差□
3	任务 3-2-2	好□	一般□	差□
4	任务 3-3-1	好□	一般□	差□
5	任务 3-3-2	好□	一般□	差□
6	任务 3-4-1	好□	一般□	差□
7	任务 3-4-2	好□	一般□	差□
8	任务 3-5-1	好□	一般□	差□
9	任务 3-5-2	好□	一般□	差□
10	任务 3-6-1	好□	一般□	差□
11	任务 3-6-2	好□	一般□	差□
12	任务 3-6-3	好□	一般□	差□
13	任务 3-7-1	好□	一般□	差□
14	任务 3-7-2	好□	一般□	差□
15	任务 3-8-1	好□	一般□	差□
16	任务 3-8-2	好□	一般□	差□

任务 3-1　数控程序结构

任务 3-1　任务描述

根据表 3-1 中文件名为"O3101"的程序单，填写表 3-2 中与程序结构相关的各项内容。

表 3-1　程序单

O3101
％3101
N1 T0101 G90 G94
N2 M03 S600
N3 G00 X20 Z2 M07
N4 G01 Z－17 F100
N5 G02 X26 Z－20 R3
N6 G01 X30
N7 X38 Z－30
N8 G00 X100 M09
N9 Z50
N10 M05
N11 M30

表 3-2　需要填写的表格

序号	项　目	内　容
1	该程序的文件名	
2	该程序的程序号	
3	该程序包含几个程序段	
4	程序段"N1 T0101 G90 G94"中含有几个指令字	
5	指令字"T0101"中的字母"T"是什么功能字	
6	程序段"N5 G02 X26 Z－20 R3"中有几个尺寸字	
7	该程序的结束符	

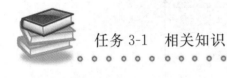

任务 3-1　工作过程

第1步　阅读与该任务相关的知识。

第2步　填写表 3-3 中的"内容"栏目。完成任务的结果见表 3-3。

表 3-3　填写完毕的表格

序号	项　目	内　容
1	该程序的文件名	O3101
2	该程序的程序号	3101
3	该程序包含几个程序段	11
4	程序段"N1 T0101 G90 G94"中含有几个指令字	4
5	指令字"T0101"中的字母"T"是什么功能字	刀具功能字
6	程序段"N5 G02 X26 Z−20 R3"中有几个尺寸字	3
7	该程序的结束符	M30

任务 3-1　相关知识

1．程序的结构

一个零件程序是一组被传送到数控装置中的指令和数据。一个零件程序是由遵循一定结构、句法和格式规则的若干个程序段组成的，而每个程序段是由若干个指令字组成的，如图 3-1 所示。

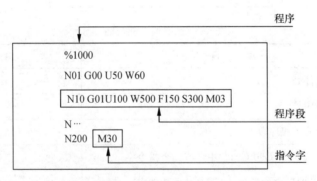

图 3-1　程序的结构

2．指令字

一个指令字是由地址符（指令字符）和带符号（如定义尺寸的字）或不带符号（如准备功能字 G 代码）的数字数据组成的。程序段中不同的指令字符及其后续数值确定了每个指令字的含义。在数控程序段中包含的主要指令字符见表 3-4。

表 3-4　指令字符一览表

功　能	地　址　符	意　义
零件程序号	％	程序编号：％1～9999
程序段号	N	程序段编号：N0～9999999999
准备机能	G	指令动作方式（直线、圆弧等）G00～G99
尺寸字	X，Y，Z A，B，C U，V，W	坐标轴的移动命令±99999.999
	R	圆弧的半径，固定循环的参数
	I，J，K	圆心相对于起点的坐标，固定循环的参数
进给速度	F	进给速度的指定　　　　　F0～24000
主轴机能	S	主轴旋转速度的指定　　　S0～9999
刀具机能	T	刀具编号的指定　　　　　T0～99
辅助机能	M	机床侧开/关控制的指定　M0～99
补偿号	D	刀具半径补偿号的指定　　00～99
暂停	P，X	暂停时间的指定　　　　　秒
程序号的指定	P	子程序号的指定　　　　　P1～4294967295
重复次数	L	子程序的重复次数，固定循环的重复次数
参数	P，Q，R，U，W，I，K，C，A	车削复合循环参数
倒角控制	C，R	

3. 程序段

　　一个程序段定义一个将由数控装置执行的指令行。程序段的格式定义了每个程序段中功能字的句法，如图 3-2 所示。

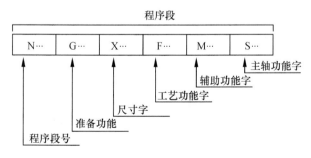

图 3-2　程序段格式

4．程序的一般结构

一个零件程序必须包括起始符和结束符。

一个零件程序是按程序段的输入顺序执行的，而不是按程序段号的顺序执行的，但书写程序时，建议按升序书写程序段号。

华中数控世纪星 HNC-21T 的程序结构特点如下。

（1）程序起始符：％（或 O）符，％（或 O）后跟程序号。

（2）程序结束：M02 或 M30。

（3）说明符：圆括号"（ ）"内或分号"；"后的内容为说明文字。

5．程序文件名

CNC 装置可以装入许多程序文件，以磁盘文件的方式读写。文件名格式为（有别于 DOS 的其他文件名）：

O××××（地址 O 后面必须有四位数字或字母）

本系统通过调用文件名来调用程序，进行加工或编辑。

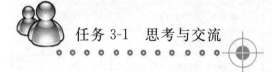

任务 3-1　思考与交流

1．HNC-21T 数控系统的零件程序可以省略起始符"％"吗？

2．如果在某程序段最前面插入"；"，程序将发生什么变化？

任务 3-2　数控编程的基本功能指令

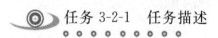

任务 3-2-1　任务描述

请解释表 3-5 中 HNC-21T 数控系统的基本功能指令的含义，并在正确的特性选项前面的"□"内打"√"。

表 3-5　需要填写含义的 HNC-21T 数控系统的基本功能指令

指　令	含　义	特　性	
M00		□模态	□非模态
M02		□模态	□非模态
M03		□模态	□非模态
M04		□模态	□非模态
M05		□模态	□非模态
M06		□模态	□非模态

指　令	含　义	特　性	
M07		□模态	□非模态
M09		□模态	□非模态
M30		□模态	□非模态
M98		□模态	□非模态
M99		□模态	□非模态
S800		□模态	□非模态
T0101		□模态	□非模态
T0102		□模态	□非模态
F100		□模态	□非模态
G04		□模态	□非模态
G20		□模态	□非模态
G21		□模态	□非模态
G36		□模态	□非模态
G37		□模态	□非模态
G54		□模态	□非模态
G90		□模态	□非模态
G91		□模态	□非模态
G94		□模态	□非模态
G95		□模态	□非模态

任务 3-2-1　工作过程

第 1 步　阅读与该任务相关的知识。

第 2 步　填写表 3-6 中的"含义"和"特性"栏目。完成任务的结果见表 3-6。

表 3-6　HNC-21T 数控系统的基本功能指令

指　令	含　义	特　性	
M00	程序暂停	□模态	☑非模态
M02	程序结束	□模态	☑非模态
M03	主轴正转	☑模态	□非模态
M04	主轴反转	☑模态	□非模态
M05	主轴停止	☑模态	□非模态

续表

指 令	含 义	特 性	
M06	换刀	☐模态	☑非模态
M07	冷却液打开	☑模态	☐非模态
M09	冷却液停止	☑模态	☐非模态
M30	程序结束并返回程序起点	☐模态	☑非模态
M98	调用子程序	☐模态	☑非模态
M99	子程序结束	☐模态	☑非模态
S800	主轴转速为 800 r/min	☑模态	☐非模态
T0101	调用 01 号刀具和 01 号刀具补偿值	☑模态	☐非模态
T0102	调用 01 号刀具和 02 号刀具补偿值	☑模态	☐非模态
F100	以每 100 mm/min 的速度进给	☑模态	☐非模态
G04	暂停	☐模态	☑非模态
G20	英制输入	☑模态	☐非模态
G21	公制输入	☑模态	☐非模态
G36	直径编程	☑模态	☐非模态
G37	半径编程	☑模态	☐非模态
G54	工件坐标系调用	☑模态	☐非模态
G90	绝对值编程	☑模态	☐非模态
G91	相对值编程	☑模态	☐非模态
G94	每分钟进给	☑模态	☐非模态
G95	每转进给	☑模态	☐非模态

任务 3-2-1　相关知识

1. 辅助功能 M 代码

1）辅助功能 M 代码概述

辅助功能由地址字 M 和其后的一或二位数字组成，主要用于控制零件程序的走向，以及机床各种辅助功能的开关动作。

M 功能有非模态 M 功能和模态 M 功能两种形式。

非模态 M 功能（当前段有效代码）：只在书写了该代码的程序段中有效。

模态 M 功能（续效代码）：一组可相互注销的 M 功能，这些功能在被同一组的另一个功能注销前一直有效。

模态 M 功能组中包含一个缺省功能（见表 3-7），系统上电时将被初始化为该功能。另外，M 功能还可分为前作用 M 功能和后作用 M 功能两类。

前作用 M 功能：在程序段编制的主轴运动之前执行。

后作用 M 功能：在程序段编制的主轴运动之后执行。

华中数控世纪星 HNC-21T 中 M 代码功能见表 3-7（标记※者为缺省值）。

表 3-7　M 代码及功能

代　码	模　态	功 能 说 明	代　码	模　态	功 能 说 明
M00	非模态	程序停止	M03	模态	主轴正转启动
M02	非模态	程序结束	M04	模态	主轴反转启动
M30	非模态	程序结束并返回程序起点	M05	模态	※　主轴停止转动
			M06	非模态	换刀
M98	非模态	调用子程序	M07	模态	切削液打开
M99	非模态	子程序结束	M09	模态	※　切削液停止

其中，M00、M02、M30、M98、M99 用于控制零件程序的走向，是 CNC 内定的辅助功能，不由机床制造商设计决定，也就是说，与 PLC 程序无关。

其余 M 代码用于机床各种辅助功能的开关动作，其功能不由 CNC 内定，而是由 PLC 程序指定，所以有可能因机床制造厂商设计不同而有差异（表内为标准 PLC 指定的功能），请使用者参考机床说明书。

2）CNC 内定的辅助功能

（1）程序暂停 M00。当 CNC 执行到 M00 指令时，将暂停执行当前程序，以方便操作者进行刀具和工件的尺寸测量、工件调头、手动变速等操作。暂停时，机床的进给停止，而全部现存的模态信息保持不变，欲继续执行后续程序，重按操作面板上的"循环启动"键。

M00 为非模态后作用 M 功能。

（2）程序结束 M02。M02 一般放在主程序的最后一个程序段中。当 CNC 执行到 M02 指令时，机床的主轴、进给、冷却液全部停止，加工结束。

使用 M02 指令程序结束后，若要重新执行该程序，就得重新调用该程序，或在自动加工子菜单下按子菜单 F4 键（请参考 HNC-21T 的操作说明书），然后再按操作面板上的"循环启动"键。

M02 为非模态后作用 M 功能。

（3）程序结束并返回到零件程序头 M30。M30 和 M02 功能基本相同，只是 M30 指令还兼有控制返回到零件程序头（%）的作用。

使用 M30 指令程序结束后，若要重新执行该程序，只需再次按操作面板上的"循环启动"键。

（4）子程序调用 M98 及从子程序返回 M99。M98 用来调用子程序。M99 表示子程序结束，执行 M99 指令使控制返回到主程序。

· 子程序的格式如下。

%＊＊＊＊

……

M99

在子程序开头，必须规定子程序号，以作为调用入口地址。在子程序的结尾用 M99，以控制执行完该子程序后返回主程序。

· 调用子程序的格式如下。

M98 P_ L_

P：被调用的子程序号；

L：重复调用次数。

注：可以带参数调用子程序，具体内容请参考附录 1。G65 指令的功能和参数与 M98 相同。

范例　编制如图 3-3 所示手柄零件的加工程序。（用半径方式编程）

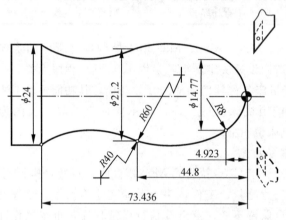

图 3-3　手柄零件图

参考程序见表 3-8。

表 3-8　手柄零件的参考程序

程　　序	说　　明
％3201	主程序的程序号
N1 T0101 G90 G94 G37	调用 01 号刀具及 01 号刀具补偿；设定绝对值编程；设定分进给；设定半径编程
N2 G00 X16 Z0 M03 S800	快速定位到子程序加工起点（其中 X16 为半径值）；主轴以 800 r/min 正转
N3 M98 P0003 L6	调用 0003 号子程序，并循环 6 次
N4 G00 X100 Z50	返回退刀点

程　　序	说　　明
N5 G36	取消半径编程
N6 M05	主轴停
N7 M30	主程序结束并复位
%0003	子程序号
N1 G01 U−12 F100	进刀到切削起点处，注意留下后面切削的余量
N2 G03 U7.385 W−4.923 R8	加工 R8 圆弧段
N3 U3.215 W−39.877 R60	加工 R60 圆弧段
N4 G02 U1.4 W−28.636 R40	加工 R40 圆弧段
N5 G00 U4	离开已加工表面
N6 W73.436	回到循环起点 Z 轴处
N7 G01 U−4.8 F100	调整每次循环的切削量
N8 M99	子程序结束，并回到主程序

3）PLC 设定的辅助功能

（1）主轴控制指令 M03、M04、M05。

M03 启动主轴以程序中编制的主轴速度顺时针方向（从 Z 轴正向朝 Z 轴负向看）旋转。

M04 启动主轴以程序中编制的主轴速度逆时针方向旋转。

M05 使主轴停止旋转。

M03、M04 为模态前作用 M 功能；M05 为模态后作用 M 功能，M05 为缺省功能。

M03、M04、M05 可相互注销。

（2）冷却液打开、主轴停止指令 M07、M09。

M07 指令将打开冷却液管道。

M09 指令将关闭冷却液管道。

M07 为模态前作用 M 功能；M09 为模态后作用 M 功能，M09 为缺省功能。

2. 主轴功能 S、进给功能 F 和刀具功能 T

1）主轴功能 S

主轴功能 S 控制主轴转速，其后的数值表示主轴速度，单位为转每分钟（r/min）。

恒线速度功能时，S 指定切削线速度，其后的数值单位为米每分钟（m/min）（G96 恒线速度有效、G97 恒线速度取消）。

S 是模态指令，S 功能只有在主轴速度可调节时有效。S 所编程的主轴转速可以借助机床控制面板上的主轴倍率开关进行修调。

2）进给功能 F

F 指令表示工件被加工时刀具相对于工件的合成进给速度，F 的单位取决于 G94（每分钟进给量，单位为 mm/min）或 G95（主轴每转一转刀具的进给量，单位为 mm/r）。

使用下式可以实现每转进给量与每分钟进给量的转化：

$$f_m = f_r \times S$$

f_m：每分钟进给量，单位为 mm/min；

f_r：每转进给量，单位为 mm/r；

S：主轴转速，单位为 r/min。

工作在 G01、G02 或 G03 方式下，编程的 F 值一直有效，直到被新的 F 值所取代；而工作在 G00 方式下，快速定位的速度是各轴的最高速度，与所编的 F 无关。

借助机床控制面板上的倍率按键，F 可在一定范围内进行倍率修调。当执行螺纹切削指令 G76、G82 及 G32 时，倍率开关失效，进给倍率固定在 100%。

注：① 当使用每转进给量方式时，必须在主轴上安装一个位置编码器。

② 直径编程时，X 轴方向的进给速度为：半径的变化量/分、半径的变化量/转。

3）刀具功能 T

T 指令用于选刀，其后的 4 位数字分别表示选择的刀具号和刀具补偿号。T 指令与刀具的关系是由机床制造厂家规定的，请参考机床厂家的说明书。

执行 T 指令，转动转塔刀架，选用指定的刀具。

当一个程序段同时包含 T 指令与刀具移动指令时，先执行 T 指令，而后执行刀具移动指令。

T 指令同时调入刀补寄存器中的补偿值。

刀具补偿功能将在后面任务 3-7 中详述。

3. 准备功能 G 代码

1）准备功能 G 代码概述

准备功能 G 代码由 G 后跟一或二位数字组成，它用来规定刀具和工件的相对运动轨迹、机床坐标系、坐标平面、刀具补偿、坐标偏置等多种加工操作。

G 功能根据功能的不同分成若干组，其中 00 组的 G 功能称为非模态 G 功能，其余组的称为模态 G 功能。

非模态 G 功能：只在所规定的程序段中有效，程序段结束时被注销。

模态 G 功能：它是一组可相互注销的 G 功能，这些功能一旦被执行，则一直有效，直到被同一组的 G 功能注销为止。

模态 G 功能组中包含一个缺省 G 功能，系统上电时将被初始化为该功能。

没有共同地址符的不同组 G 代码可以放在同一程序段中，而且与顺序无关。例如，G90、G17 可与 G01 放在同一程序段中。

华中数控世纪星 HNC-21T 的 G 功能见表 3-9。

表 3-9 准备功能一览表

G 代码		功　能	参数（后续地址字）	组
G00		快速定位	X、Z	01
G01	※	直线插补	X、Z	
G02		顺圆插补	X、Z、I、K、R	
G03		逆圆插补	X、Z、I、K、R	
G04		暂停	P	00
G20		英寸输入	—	08
G21	※	毫米输入	—	
G28		返回到参考点	X、Z	00
G29		由参考点返回	X、Z	
G32		螺纹切削	X、Z、R、E、P、F	01
G36	※	直径编程	—	16
G37		半径编程	—	
G40	※	刀尖半径补偿取消	—	09
G41		左刀补	D	
G42		右刀补	D	
G53		直接机床坐标系编程	—	00
G54	※	坐标系选择	—	11
G55		坐标系选择	—	
G56		坐标系选择	—	
G57		坐标系选择	—	
G58		坐标系选择	—	
G59		坐标系选择	—	
G71		外径/内径车削复合循环	X、Z、U、R、P、Q	06
G72		端面车削复合循环	X、Z、W、R、P、Q	
G73		闭环车削复合循环	X、Z、R、U、W、P、Q	
G76		螺纹切削复合循环	X、Z、C、A、R、E、K、I、U、V、Q、P、F	
G80	※	内/外径车削固定循环	X、Z、I	01
G81		端面车削固定循环	X、Z、K	
G82		螺纹切削固定循环	X、Z、I、R、E、C、P、F	
G90		绝对值编程	X、Z	13
G91		增量值编程	X、Z	
G92		工件坐标系设定	X、Z	00
G94	※	每分钟进给	—	14
G95		每转进给	—	

G 代码	功 能	参数（后续地址字）	组
G96	※ 恒线速度有效	S	—
G97	取消恒线速度	—	—

注：① 00 组中的 G 代码是非模态的，其他组的 G 代码是模态的。

② 标记※者为缺省值。

2）针对不同单位设定的 G 功能

（1）尺寸单位选择 G20，G21。

格式：$\begin{cases} G20 \\ G21 \end{cases}$

G20：英制输入制式；

G21：公制输入制式。

两种制式下线性轴、旋转轴的尺寸单位见表 3-10。

表 3-10　尺寸输入制式及其单位

制　式	线　性　轴	旋　转　轴
英制（G20）	英寸（in）	度（°）
公制（G21）	毫米（mm）	度（°）

G20、G21 为模态功能，可相互注销，G21 为缺省值。

（2）进给速度单位的设定 G94、G95。

格式：$\begin{cases} G94 \; [F\_ \;] \\ G95 \; [F\_ \;] \end{cases}$

G94 为每分钟进给。对于线性轴，F 的单位依 G20/G21 的设定而为 mm/min 或 in/min；对于旋转轴，F 的单位为（°）/min。

G95 为每转进给，即主轴每转一转刀具的进给量。F 的单位依 G20/G21 的设定而为 mm/r 或 in/r。这个功能只在主轴装有编码器时才能使用。

G94、G95 为模态功能，可相互注销，G94 为缺省值。

另外，中括号表示 F 指令可以在 G94 程序段中指定，也可在其他程序段中指定。

3）有关坐标系和坐标的 G 功能

（1）绝对值编程 G90 与增量值编程 G91。

格式：$\begin{cases} G90 \\ G91 \end{cases}$

G90：绝对值编程，每个编程坐标轴上的编程值是相对于程序原点的。

G91：增量值编程，每个编程坐标轴上的编程值是相对于前一位置而言的，该值等于沿轴移动的距离。

绝对值编程时，用 G90 指令后面的 X、Z 表示 X 轴、Z 轴的坐标值。

增量值编程时，用 U、W 或 G91 指令后面的 X、Z 表示 X 轴、Z 轴的增量值。

其中表示增量的字符 U、W 不能用于循环指令 G80、G81、G82、G71、G72、G73、G76 程序段中，但可用于定义精加工轮廓的程序中。

G90、G91 为模态功能，可相互注销，G90 为缺省值。

范例 如图 3-4 所示，使用 G90、G91 编程，要求刀具由原点按顺序移动到 1、2、3 点，然后回到 1 点。

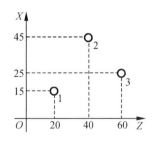

图 3-4 G90/G91 编程

用 G90、G91 编制的程序见表 3-11。

表 3-11 用 G90、G91 编制的程序

G90 编程	G91 编程	混 合 编 程	说 明
%3202	%3203	%3204	程序号
N1 G54 G90	N1 G54 G90	N1 G54 G90	调用 G54 坐标系
N2 M03 S700	N2 M03 S700	N2 M03 S700	主轴正转
N3 G00 X0 Z0	N3 G00 X0 Z0	N3 G00 X0 Z0	快速定位到原点
N4 G01 X15 Z20 F100	N4 G01 X15 Z20 F100 G91	N4 G01 X15 Z20 F100	直线移动到 1 点
N5 X45 Z40	N5 X30 Z20	N5 U30 Z40	直线移动到 2 点
N6 X25 Z60	N6 X−20 Z20	N6 X25 W20	直线移动到 3 点
N7 X15 Z20	N7 X−10 Z−40	N7 X15 Z20	直线移回到 1 点
N8 M30	N8 M30	N8 M30	程序结束并返回

选择合适的编程方式可使编程简化。当图纸尺寸由一个固定基准给出时，采用绝对方式编程较为方便；而当图纸尺寸是以轮廓顶点之间的间距给出时，采用增量方式编程较为方便。

G90、G91 可用于同一程序段中，但要注意其顺序所造成的差异。

（2）坐标系设定 G92。

格式：G92 X_ Z_

X、Z：对刀点到工件坐标系原点的有向距离。

当执行 G92 Xα Zβ 指令后，系统内部即对 (α,β) 进行记忆，并建立一个使刀具当前点坐标值为 (α,β) 的坐标系，系统控制刀具在此坐标系中按程序进行加工。执行该指令只建立一个坐标系，刀具并不产生运动。G92 指令为非模态指令。

执行该指令时，若刀具当前点恰好在工件坐标系的 α 和 β 坐标值上，即刀具当前点在对刀点位置上，此时建立的坐标系即为工件坐标系，加工原点与程序原点重合。若刀具当前点不在工件坐标系的 α 和 β 坐标值上，则加工原点与程序原点不一致，加工出的产品就有误差或报废，甚至出现危险。因此，在执行该指令时，刀具当前点必须恰好在对刀点位置上，即在工件坐标系的 α 和 β 坐标值上。

由上可知，要正确加工，加工原点与程序原点必须一致，因此，编程时加工原点与程序原点考虑为同一点。实际操作时怎样使两点一致，由操作时对刀来完成。

范例　图 3-5 所示坐标系的设定，当以工件左端面为工件原点时，应按下行指令建立工件坐标系：

　　　　G92 X180 Z254;

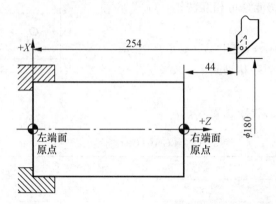

图 3-5　G92 设立坐标系

当以工件右端面为工件原点时，应按下行指令建立工件坐标系：

　　　　G92 X 180 Z44;

显然，当 α、β 不同，或改变刀具位置时，即刀具当前点不在对刀点位置上，则加工原点与程序原点不一致。因此，在执行程序段 G92 Xα Zβ 前，必须先对刀。

X、Z 值的确定，就是确定对刀点在工件坐标系下的坐标值。其选择的一般原则为：

· 方便数学计算和简化编程；

· 容易找正对刀；

· 便于加工检查；

· 引起的加工误差小；

· 不要与机床、工件发生碰撞；

· 方便拆卸工件；

· 空行程不要太长。

（3）坐标系选择 G54～G59。

格式：$\begin{cases} \text{G54} \\ \text{G55} \\ \text{G56} \\ \text{G57} \\ \text{G58} \\ \text{G59} \end{cases}$

G54～G59 是系统预定的 6 个坐标系（见图 3-6），可根据需要任意选用。加工时其坐标系的原点，必须设为工件坐标系的原点在机床坐标系中的坐标值，否则，加工出的产品就有误差或报废，甚至出现危险。

这 6 个预定工件坐标系的原点在机床坐标系中的值（工件零点偏置值）可用 MDI 方式输入，系统自动记忆。

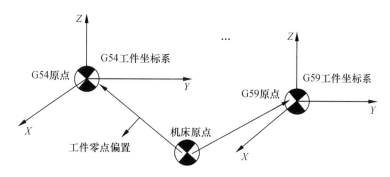

图 3-6 工件坐标系选择（G54～G59）

工件坐标系一旦选定，后续程序段中绝对值编程时的指令值均为相对此工件坐标系原点的值。G54～G59 为模态功能，可相互注销，G54 为缺省值。

范例 如图 3-7 所示，使用工件坐标系编程时，要求刀具从当前点移动到 A 点，再从 A 点移动到 B 点。

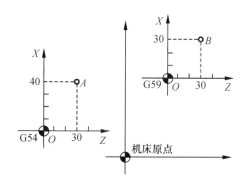

图 3-7 使用工件坐标系编程

用工件坐标系编制的程序见表 3-12。

表 3-12 用工件坐标系编制的程序

G90 编程	说 明
％3205	程序号
N1 G54 G90 G00 X40 Z30	调用 G54 坐标系，快速定位到 A 点
N2 G59	调用 G59 坐标系
N3 G00 X30 Z30	快速定位到 B 点
N4 M30	程序结束并返回

注：① 使用该组指令前，先用 MDI 方式输入各坐标系的坐标原点在机床坐标系中的坐标值。

② 使用该组指令前，必须先回参考点。

（4）直接机床坐标系编程 G53。

G53 是机床坐标系编程，在含有 G53 的程序段中，绝对值编程时的指令值是在机床坐标系中的坐标值。G53 为非模态指令。

（5）直径方式和半径方式编程。

格式：$\begin{cases} G36 \\ G37 \end{cases}$

G36：直径编程；

G37：半径编程。

数控车床的工件外形通常是旋转体，其 X 轴尺寸可以用两种方式加以指定：直径方式和半径方式。G36 为缺省值，机床出厂一般设为直径编程。本书例题，未经说明均为直径编程。

范例 按 A→B→C 的轨迹分别用直径、半径编程，加工如图 3-8 所示工件。

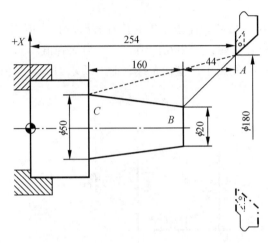

图 3-8 直径、半径编程

用直径、半径编制的程序见表 3-13。

表 3-13 用直径、半径编制的程序

直 径 编 程	说　明	半 径 编 程	说　明
%3206	程序号	%3207	程序号
N1 T0101 G90 G94	调用 01 号刀具及 01 号刀具补偿，设定绝对值编程、分进给方式	N1 T0101 G90 G94	调用 01 号刀具及 01 号刀具补偿，设定绝对值编程、分进给方式
N2 G36 G00 X180 Z254	设定直径编程，快速定位到 A 点	N2 G37 G00 X90 Z254	设定半径编程，快速定位到 A 点
N3 G01 X20 W−44 F100	直线移动到 B 点	N3 G01 X10 W−44 F100	直线移动到 B 点
N4 U30 Z204	直线移动到 C 点	N4 U15 Z204	直线移动到 C 点
N5 G00 X180 Z254	快速返回到 A 点	N5 G00 X90 Z254	快速返回到 A 点
N6 M30	程序结束并返回	N6 M30	程序结束并返回

注：① 在直径编程时，应注意的事项见表 3-14；

　　② 使用直径、半径编程时，系统的参数设置要求与之对应。

表 3-14　直径编程时应注意的事项

项　目	注意事项
Z 轴指令	与直径、半径无关
X 轴指令	用直径值指令
坐标系的设定	用直径值指令
圆弧插补的半径指令（R、I、K）	用半径值指令
X 轴方向的进给速度	每转半径的变化 每分半径的变化
X 轴的位置显示	用直径值显示

任务 3-2-1　思考与交流

1. G54 和 G92 有什么区别？
2. M05 是前作用功能代码还是后作用功能代码？还有哪些前作用代码？
3. 用于控制程序走向的 M 代码有哪些？

任务 3-2-2　任务描述

根据图 3-9 所示的顶尖零件图，填写表 3-15 中的基点坐标。

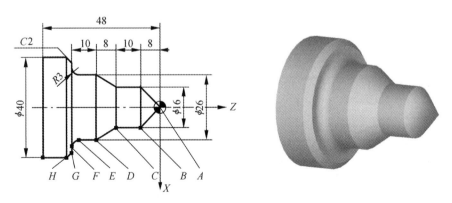

图 3-9　顶尖零件图及实体图

表 3-15　需要填写的基点坐标

序号	基点	绝对坐标 （直径方式）		相对坐标 （以原点为加工起点） （直径方式）		绝对坐标 （半径方式）		相对坐标 （以原点为加工起点） （半径方式）	
		X 坐标	Z 坐标	X 坐标	Z 坐标	X 坐标	Z 坐标	X 坐标	Z 坐标
1	A								
2	B								
3	C								
4	D								
5	E								
6	F								
7	G								
8	H								

任务 3-2-2　工作过程

第 1 步　分析如图 3-9 所示零件图标注的尺寸。

第 2 步　填写表 3-16 的坐标值。各基点坐标见表 3-16。

表 3-16　基点坐标

序号	基点	绝对坐标 （直径方式）		相对坐标 （以原点为加工起点） （直径方式）		绝对坐标 （半径方式）		相对坐标 （以原点为加工起点） （半径方式）	
		X 坐标	Z 坐标	X 坐标	Z 坐标	X 坐标	Z 坐标	X 坐标	Z 坐标
1	A	0	0	0	0	0	0	0	0
2	B	16	−8	16	−8	8	−8	8	−8
3	C	16	−18	0	−10	8	−18	0	−10
4	D	26	−26	10	−8	13	−26	5	−8
5	E	26	−33	0	−7	13	−33	0	−7
6	F	32	−36	6	−3	16	−36	3	−3
7	G	36	−36	4	0	18	−36	2	0
8	H	40	−38	4	−2	20	−38	2	−2

任务 3-3 直线插补 G00、G01 的应用

任务 3-3-1 任务描述

完成如图 3-10 所示台阶轴的精加工车削编程。

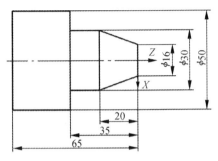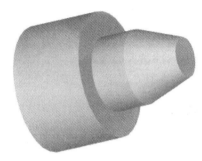

图 3-10 台阶轴的零件图及实体图

任务 3-3-1 工作过程

第 1 步 阅读与该任务相关的知识。

第 2 步 分析零件图 3-10，确定加工工艺。

根据此零件的图形及尺寸，宜采用三爪自定心卡盘夹紧工件，以轴心线与前端面的交点为编程原点，运用直线插补指令加工此阶梯轴。

第 3 步 编写的加工程序见表 3-17。

表 3-17 加工程序

程 序	说 明
％3301	程序号
N1 T0101	选定 01 号刀具，调用 01 号刀补
N3 M03 S600	主轴以 600 r/min 正转
N5 G00 X53 Z3 M07	刀具快速定位到起刀点位置；冷却液开
N7 G00 X16	快速定位到工件接近点
N9 G01 Z0 F60	刀具直线插补到加工起点，进给速度为 60 mm/min
N13 X30 Z−20	加工锥台面
N15 Z−35	加工 ϕ30 的外圆
N17 X50	加工 Z−35 处的台阶面
N19 Z−65	加工 ϕ50 的外圆

续表

程　序	说　明
N21 G00 X80	径向快速退刀到 X80
N23 Z80	轴向快速退刀到 Z80
N25 M05 M09	主轴停；冷却液关
N27 M30	主程序结束并复位

第 4 步　通过仿真软件校验程序。

任务 3-3-1　相关知识

1. 快速定位指令

快速定位指令 G00 的格式及说明见表 3-18。

表 3-18　快速定位指令 G00

指令	G00
格式	G00 X（U）_ Z（W）_
说明	该指令用于刀具快速移动到指定位置，如参考图所示
参考图	
参数	含义
X、Z	为绝对编程时快速定位终点在工件坐标系中的坐标
U、W	为增量编程时快速定位终点相对于起点的位移量
注意事项	① G00 指令刀具相对于工件以各轴预先设定的速度，从当前位置快速移动到程序段指令的定位目标点； ② G00 指令中的快移速度由机床参数"快移进给速度"对各轴分别设定，不能用 F 规定； ③ G00 一般用于加工前快速定位或加工后快速退刀，快移速度可由面板上的快速修调按钮修正； ④ 在执行 G00 指令时，由于各轴以各自速度移动，不能保证各轴同时到达终点，因而联动直线轴的合成轨迹不一定是直线。操作者必须格外小心，以免刀具与工件发生碰撞。常见的做法是，将 X 轴移动到安全位置，再放心地执行 G00 指令

2. 直线插补指令

直线插补指令 G01 的格式及说明见表 3-19。

表 3-19 直线插补指令 G01

指令	G01
格式	G01 X（U）_ Z（W）_ F_
说明	直线插补是指刀具从当前位置按线性路线（联动直线轴的合成轨迹为直线）移动到程序段指令的终点，如参考图所示
参考图	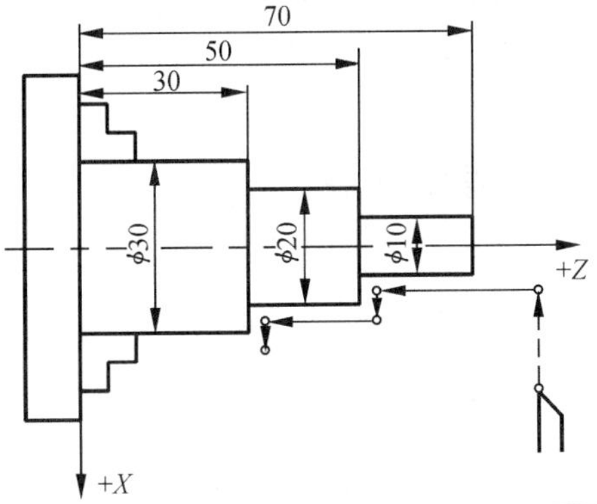
参数	含义
X、Z	为绝对编程时终点在工件坐标系中的坐标
U、W	为增量编程时终点相对于起点的位移量
注意事项	① G01 指令刀具以联动的方式，按 F 规定的合成进给速度，从当前位置按线性路线（联动直线轴的合成轨迹为直线）移动到程序段指令的终点； ② G01 一般用于工进或切削。进给速度可由面板上的进给修调按钮修正

3. 直线倒角指令

直线倒角指令 G01 的格式及说明见表 3-20。

表 3-20 直线倒角指令 G01

指令	G01
格式	G01 X（U）_ Z（W）_ $\begin{Bmatrix} C\_ \\ R\_ \end{Bmatrix}$ F_
说明	该指令用于直线后倒直角、直线后倒圆角，如参考图所示
参考图	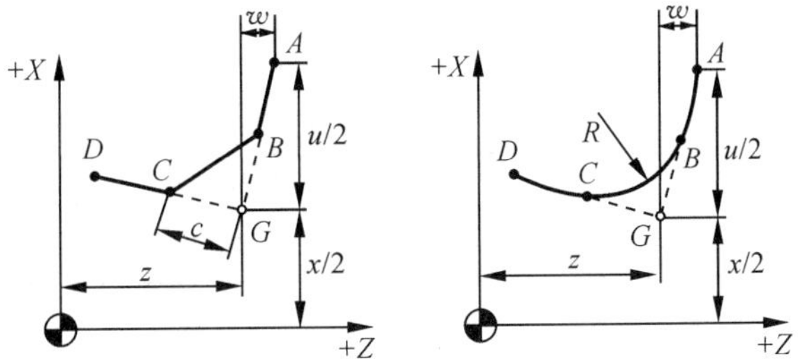

续表

参数	含　义
X、Z	绝对值编程时，为未倒角前两相邻程序段轨迹的交点 G 的坐标值
U、W	增量值编程时，为 G 点相对于起始直线轨迹的始点 A 的移动距离
C	倒角终点 C，相对于相邻两直线的交点 G 的距离
R	是倒角圆弧的半径值
注意事项	① 在螺纹切削程序段中不得出现倒角控制指令； ② 当 X 轴、Z 轴指定的移动量比指定的 R 或 C 小时，系统将报警

4. 编程范例

范例 1　用直线插补功能编写如图 3-11 所示零件的精加工程序。

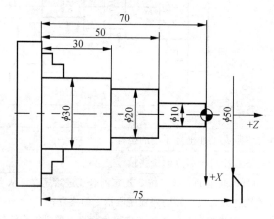

图 3-11　用直线插补功能加工的零件

加工程序及说明见表 3-21。

表 3-21　加工程序

程　　序	说　　明
％3302	程序号
N1 T0101	调用 01 号刀具、01 号刀具补偿
N3 M03 S750	主轴以 750 r/min 正转
N5 G00 X50 Z5 M07	快速定位到起刀点；冷却液开
N7 X10	精加工轮廓起点
N9 G01 Z−20 F120	加工 $\phi10$ 的外圆
N11 X20	加工 Z−20 处的端面
N13 Z−40	加工 $\phi20$ 的外圆

程　　序	说　　明
N15 X32	加工 Z－40 处的端面并退刀
N17 G00 X80	径向快速退刀到 X80
N19 Z80	轴向快速退刀到 Z80
N21 M05 M09	主轴停；冷却液关
N22 M30	主程序结束并复位

范例 2　用直线倒角功能编写如图 3-12 所示零件的精加工程序。

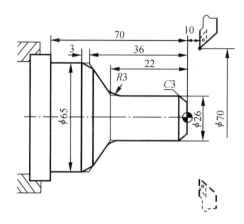

图 3-12　用直线倒角功能加工的零件

加工程序及说明见表 3-22。

表 3-22　加工程序

程　　序	说　　明
%3303	程序号
N1 T0101	调用 01 号刀具、01 号刀具补偿
N3 M03 S750	主轴以 750 r/min 正转
N5 G00 X70 Z5 M07	快速定位到起刀点；冷却液开
N7 X0	刀具定位到轴线中心
N9 G01 Z0 F60	刀具直线插补到右端面中心，进给速度为 60 mm/min
N11 G01 X26 C3	C3 倒角
N13 Z－22 R3	倒 R3 圆角
N15 X65 Z－36 C3	倒边长为 3 的等腰直角
N17 G01 Z－70	加工 ϕ65 的外圆

程　序	说　明
N19 G00 X80	径向快速退刀到 X80
N21 Z80	轴向快速退刀到 Z80
N23 M05 M09	主轴停；冷却液关
N25 M30	主程序结束并复位

任务 3-3-1　思考与交流

1. 快速定位指令 G00 与直线插补指令 G01 的用法有何区别？
2. 简述直线倒角指令的用法和应注意的问题。

任务 3-3-2　任务描述

根据表 3-23 中的零件精加工程序单，在图 3-13 所示的坐标平面内绘制其零件图。

表 3-23　零件精加工程序单

程　序	说　明
%3304	程序头
T0101 G90 G94	调用 01 号刀具、01 号刀具补偿，设定绝对值编程方式及分进给
M03 S800	主轴以 800 r/min 的速度正转
G00 X52 Z30	快速定位到换刀点 H
X0 Z2 M07	快速定位到接近工件点 J；冷却液开
G01 Z0 F50	以 50 mm/min 的进给速度到加工起点 0
X20 Z−8	直线插补到基点 1
Z−18	直线插补到基点 2
X28	直线插补到基点 3
X40 Z−28	直线插补到基点 4
Z−40	直线插补到基点 5
G00 X52	X 方向快速退刀
Z30	Z 方向快速退刀回到换刀点
M05 M09	主轴停止；冷却液关
M30	程序结束并返回到程序头

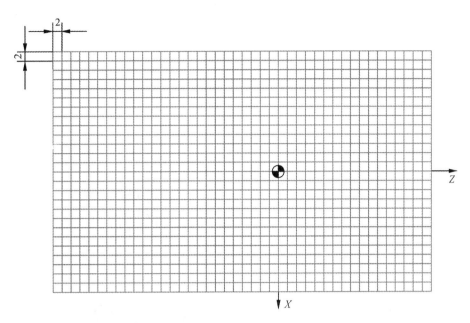

图 3-13 坐标平面

任务 3-3-2 工作过程

第 1 步 认真阅读程序单,在坐标平面内,按比例标记基点位置,绘制如图 3-14 所示的精加工轨迹,其中虚线表示快速定位轨迹 (G00),实线表示直线进给轨迹 (G01)。

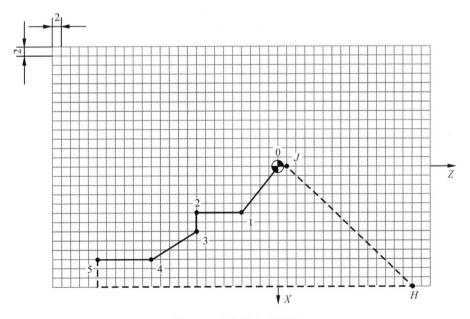

图 3-14 绘制精加工轨迹

第 2 步 根据精加工轨迹绘制如图 3-15 所示的零件图。

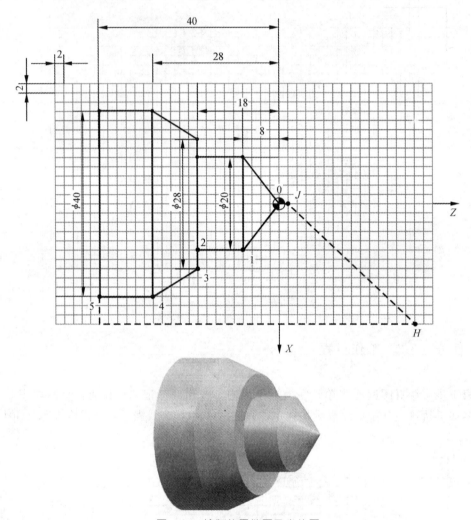

图 3-15 绘制的零件图及实体图

任务 3-4 圆弧进给 G02、G03 的应用

任务 3-4-1 任务描述

编写如图 3-16 所示机床手柄的精加工程序。

任务 3-4-1 工作过程

第 1 步 阅读与该任务相关的知识。

第 2 步 分析零件图 3-16，确定加工工艺。根据此零件的图形及尺寸，宜采用三爪自

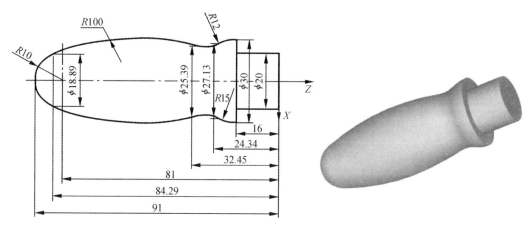

图 3-16　机床手柄的零件图及实体图

定心卡盘夹紧工件，先加工手柄右段 $\phi20$ 的外圆，再调头加工手柄左段的圆弧轮廓面。

第 3 步　编写精加工程序，参考程序见表 3-24。

表 3-24　加工程序

（1）加工手柄左段 $\phi20$ 的外圆程序

程　　序	说　　明
%3401	程序号
N1 T0101	选定 01 号刀具，调用 01 号刀具补偿
N3 M03 S600	主轴以 600 r/min 正转
N5 G00 X32 Z4 M07	刀具快速定位到程序起点；冷却液开
N7 G00 X0	刀具定位到轴线中心
N9 G01 Z0 F60 S900	刀具直线插补到右端面中心
N11 G01 X20	加工前端面
N13 Z－16	加工 $\phi20$ 的外圆
N15 G01 X32	径向快速退刀到 X32
N17 G00 Z100	轴向快速退刀到 Z100
N19 M05 M09	主轴停；冷却液关
N21 M30	主程序结束并复位

（2）调头后加工手柄右段圆弧轮廓面

程　　序	说　　明
%3402	程序号
N1 T0101	选定 01 号刀具，调用 01 号刀具补偿
N3 M03 S600	主轴以 600 r/min 正转
N5 G00 X32 Z4 M07	刀具快速定位到程序起点；冷却液开

程　序	说　明
N7 G00 X0	刀具定位到轴线中心
N9 G01 Z0 F60 S900	刀具直线插补到右端面中心
N11 G03 X18.89 Z−6.71 R10	加工 R10 的外圆弧
N13 X25.39 Z−58.55 R100	加工 R100 的外圆弧
N15 G02 X27.13 Z−66.66 R12	加工 R12 的外圆弧
N17 G03 X30 Z−75 R15	加工 R15 的外圆弧
N15 G01 X32	径向退刀到 X32
N17 G00 Z100	轴向快速退刀到 Z100
N31 M05 M09	主轴停；冷却液关
N23 M30	主程序结束并复位

第 4 步　通过仿真软件校验程序。

任务 3-4-1　相关知识

1. 圆弧进给指令

圆弧进给指令 G02/G03 的格式及说明见表 3-25。

表 3-25　圆弧进给 G02/G03 指令

指令	G02/G03		
格式	$\left\{\begin{array}{c} G02 \\ G03 \end{array}\right\}$ X（U）_Z（W）_ $\left\{\begin{array}{c} I\_K\_ \\ R\_ \end{array}\right\}$ F_		
说明	刀具按顺时针/逆时针进行圆弧加工，如参考图所示		
参考图			
参数	含义		
G02	顺时针圆弧插补		
G03	逆时针圆弧插补		
X、Z	为绝对值编程时，圆弧终点在工件坐标系中的坐标		
U、W	为增量值编程时，圆弧终点相对于圆弧起点的位移量		

续表

参数	含义
I、K	圆心相对于圆弧起点的增加量（等于圆心的坐标减去圆弧起点的坐标），在绝对值编程、增量值编程时都是以增量方式指定，在直径编程、半径编程时 I 都是半径值
R	圆弧半径
F	被编程的两个轴的合成进给速度
注意事项	① 顺时针或逆时针是从垂直于圆弧所在平面的坐标轴（即 y 轴）的正方向看到的回转方向； ② R 是圆弧半径，当圆弧所对的圆心角小于或等于 180°时，R 取正值；当圆弧 R 所对的圆心角大于 180°又小于 360°时，R 取负值；当为整圆时，用 I、K 代替 R

2. 圆弧倒角指令

圆弧倒角指令 G02/G03 的格式及说明见表 3-26。

表 3-26　圆弧倒角 G02/G03 指令

指令	G02/G03
格式	$\begin{Bmatrix} G02 \\ G03 \end{Bmatrix}$ X（U）_Z（W）_R_ $\begin{Bmatrix} RL=\_ \\ RC=\_ \end{Bmatrix}$ F_
说明	该指令用于圆弧后倒圆角，如参考图所示
参考图	
参数	含义
G02	顺时针圆弧插补
G03	逆时针圆弧插补
X、Z	绝对值编程时，为未倒角前圆弧终点 G 的坐标值
U、W	增量值编程时，为 G 点相对于圆弧始点 A 点的移动距离
R	圆弧半径
RL=	是倒角终点 C，相对于未倒角前圆弧终点 G 的距离
RC=	是倒角圆弧的半径值
F	被编程的两个轴的合成进给速度
注意事项	① 在螺纹切削程序段中不得出现倒角控制指令； ② 当 X 轴、Z 轴指定的移动量比指定的 RL 或 RC 小时，系统将报警，即 GA 长度必须大于 GB 长度

3. 编程范例

范例 1   用圆弧插补指令编写如图 3-17 所示零件的精加工程序。

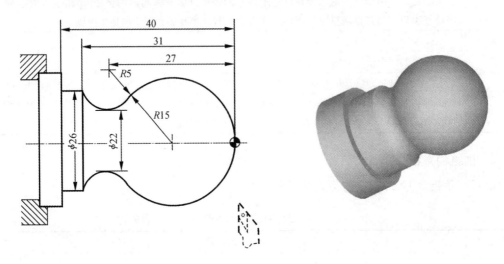

图 3-17   用圆弧插补指令加工的零件图及实体图

加工程序见表 3-27。

表 3-27   加工程序

程序	说明
%3405	程序号
N1 T0101	调用 01 号刀具、01 号刀具补偿
N3 M03 S400	主轴以 400 r/min 正转
N5 G00 X35 Z2 M07	快速定位到起刀点；冷却液开
N7 X0	到达工件中心
N9 G01 Z0 F60	工进接触工件，进给速度为 60 mm/min
N11 G03 U24 W−24 R15	加工 R15 圆弧段
N13 G02 X26 Z−31 R5	加工 R5 圆弧段
N15 G01 Z−40	加工 ϕ26 外圆
N17 G00 X80	径向快速退刀到 X80
N19 Z80	轴向快速退刀到 Z80
N21 M05 M09	主轴停；冷却液关
N23 M30	主程序结束并复位

范例 2　用圆弧倒角指令编写如图 3-18 所示零件的精加工程序。

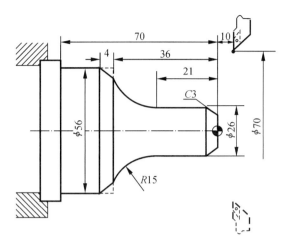

图 3-18　用圆弧倒角插补指令加工的零件图

加工程序见表 3-28。

表 3-28　加工程序

程　　序	说　　明
％3406	程序号
N1 T0101	调用 01 号刀具、01 号刀具补偿
N3 M03 S750	主轴以 750 r/min 正转
N5 G00 X70 Z5 M07	快速定位到起刀点；冷却液开
N7 X0	刀具定位到轴线中心
N9 G01 Z0 F60	刀具直线插补到右端面中心，进给速度为 60 mm/min
N11 G01 X26 C3	C3 倒角
N13 Z−21	倒 R3 圆角
N15 G02 X56 Z−36 R15 RL＝4	加工 R15 圆弧，并倒边长为 4 的直角
N17 G01 Z−70	加工 ϕ56 外圆
N19 G00 X80	径向快速退刀到 X80
N21 Z80	轴向快速退刀到 Z80
N23 M05 M09	主轴停；冷却液关
N25 M30	主程序结束并复位

任务 3-4-1　思考与交流

1. 怎样区别 G02、G03 以及（I、K）与 R 的取舍和用法？

2. 简述圆弧倒角指令的用法和应注意的问题。

3. 根据下面零件图，请完成该零件精加工程序中缺漏的指令或数值。

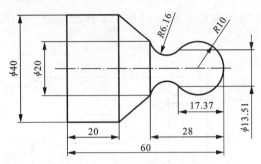

程　序	说　明
％3407	程序号
N1 T0101	调用 1 号刀偏，建立工件坐标系
N3 M03 _____	主轴以 900 r/min 正转
N5 G00 X70 Z5 _____	快速定位到起刀点；冷却液开
N7 X _____	刀具定位到轴线中心
N9 G _____ X13.51 Z _____ R10 F80	加工 R10 圆弧面
N11 G _____ X _____ Z−28 R _____	加工 R6.16 圆弧面
N13 G _____ X _____ Z _____	加工锥面
N15 Z _____	加工 ϕ40 圆柱面
N17 G00 X _____	径向快速退刀到 X100
N19 Z _____	轴向快速退刀到 Z100
N21 M05	主轴停
N23 M30	主程序结束并复位

任务 3-4-2　任务描述

根据表 3-29 中的零件精加工程序单，在图 3-19 所示的坐标平面内绘制其零件图。

表 3-29　零件精加工程序单

程　序	说　明
％3408	程序头
T0101 G90 G94	调用 01 号刀具、01 号刀具补偿，设定绝对值编程方式及分进给
M03 S800	主轴以 800 r/min 的速度正转
G00 X52 Z30	快速定位到换刀点 H
X0 Z2 M07	快速定位到接近工件点 J；冷却液开
G01 Z0 F50	以 50 mm/min 的进给到加工起点 0
G03 X16 Z−8 R8	逆圆插补到基点 1
G01 X24 W−10	直线插补到基点 2
W−6	直线插补到基点 3
G02 U8 W−4 R4	顺圆插补到基点 4
G03 U8 W−4 R4	逆圆插补到基点 5
G01 Z−40	直线插补到基点 6

续表

程　　序	说　　明
G00 X52	X 方向快速退刀
Z30	Z 方向快速退刀回到换刀点
M05 M09	主轴停；冷却液关
M30	程序结束并返回到程序头

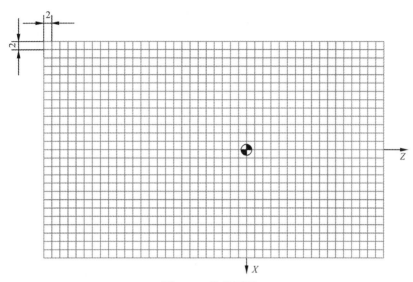

图 3-19　坐标平面

任务 3-4-2　工作过程

第 1 步　认真阅读程序单，在坐标平面内，按比例标记基点位置，绘制如图 3-20 所示零件的精加工轨迹，其中虚线表示快速定位轨迹（G00），实线表示直线进给轨迹（G01）。

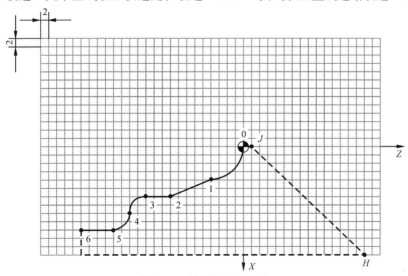

图 3-20　绘制精加工轨迹

第 2 步　根据精加工轨迹绘制如图 3-21 所示的零件图。

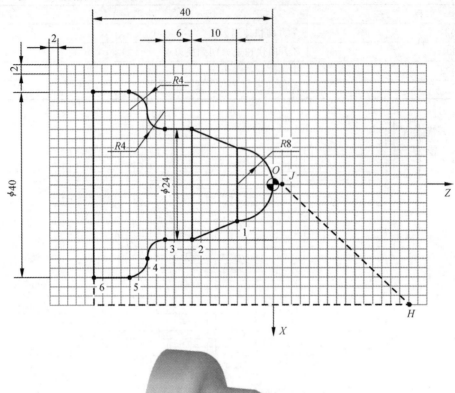

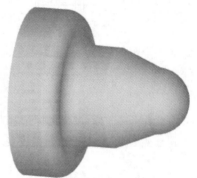

图 3-21　零件图及实体图

任务 3-5　简单循环 G80、G81 的应用

任务 3-5-1　任务描述

用 G80、G81 指令编写如图 3-22 所示台阶轴的车削程序。

任务 3-5-1　工作过程

第 1 步　阅读与该任务相关的知识。

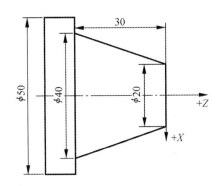

图 3-22 台阶轴的零件图及实体图

第 2 步 分析零件图 3-22，确定加工工艺。

根据图 3-22 所示零件的图形及尺寸，宜采用三爪自定心卡盘夹紧工件，运用圆锥面内（外）径切削循环 G80 指令加工锥面。

第 3 步 编写加工程序，加工程序见表 3-30。

表 3-30 加工程序

程 序	说 明
%3501	程序号
N1 T0101	选定 01 号刀具，调用 01 号刀具补偿
N3 M03 S600	主轴以 600 r/min 正转
N5 G00 X54 Z3 M07	刀具快速定位到简单切削循环起点；冷却液开
N7 G80 X47 Z−30 I−11 F100	加工第一次循环，吃刀深 3 mm
N9 X44 Z−30 I−11	加工第二次循环，吃刀深 3 mm
N11 X41 Z−30 I−11	加工第三次循环，吃刀深 3 mm
N13 X40 Z−30 I−11	加工第四次循环，吃刀深 1 mm
N15 G00 X100	径向快速退刀到 X100
N17 Z100	轴向快速退刀到 Z100
N19 M05 M09	主轴停；冷却液关
N21 M30	主程序结束并复位

注：将简单切削循环起点设在"Z3"处（取锥台长度的 1/10），可以方便 I 值的计算，其几何关系如图 3-23 所示，此时 $I=10+1=11$。

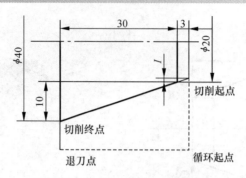

图 3-23 I 值计算的几何关系图

第 4 步 通过仿真软件校验程序。

任务 3-5-1 相关知识

1. 内（外）径切削循环指令

内（外）径切削循环指令 G80 的格式及说明见表 3-31。

表 3-31 内（外）径切削循环指令 G80

指令	G80
格式	G80 X（U）_Z（W）_F_
说明	内（外）径切削循环。该指令执行：从 A 点快速移动到 B 点→从 B 点切削到 C 点→从 C 点切削到 D 点→从 D 点快速退刀回到 A 点的循环。如参考图所示
参考图	

参数	含义
X、Z	绝对值编程时，为切削终点 C 在工件坐标系下的坐标
U、W	增量值编程时，为切削终点 C 相对于循环起点 A 的有向距离
F	进给速度
注意事项	① G80 指令加工外圆时，循环起点的 X 值一般应大于被加工工件的直径，Z 轴方向应稍偏离工件的外侧； ② G80 指令加工内孔时，循环起点的 X 值一般应小于被加工孔的直径，Z 轴方向应稍偏离工件的外侧

2. 圆锥面内（外）径切削循环指令

圆锥面内（外）径切削循环指令 G80 的格式及说明见表 3-32。

表 3-32　圆锥面内（外）径切削循环指令 G80

指令	G80
格式	G80 X（U）_ Z（W）_ I_ F_
说明	圆锥面内（外）径切削循环。该指令执行：从 A 点快速移动到 B 点→从 B 点切削到 C 点→从 C 点切削到 D 点→从 D 点快速退刀回到 A 点的循环。如参考图所示
参考图	
X、Z	绝对值编程时，为切削终点 C 在工件坐标系下的坐标
U、W	增量值编程时，为切削终点 C 相对于循环起点 A 的有向距离
I	为切削起点 B 与切削终点 C 的半径差，有正、负
F	进给速度
注意事项	① G80 指令加工外圆时，循环起点的 X 值一般应大于被加工工件的直径，Z 轴方向应稍偏离工件的外侧； ② G80 指令加工内孔时，循环起点的 X 值一般应小于被加工孔的直径，Z 轴方向应稍偏离工件的外侧； ③ I 的符号为切削起点 B 与切削终点 C 的半径差的符号（无论是绝对值编程还是增量值编程）

3. 端面切削循环指令

端面切削循环指令 G81 的格式及说明见表 3-33。

表 3-33　端面切削循环指令 G81

指令	G81
格式	G81 X_ Z_ F_
说明	端面切削循环。该指令执行：从 A 点快速移动到 B 点→从 B 点切削到 C 点→从 C 点切削到 D 点→从 D 点快速退刀回到 A 点的循环。如参考图所示

续表

参考图	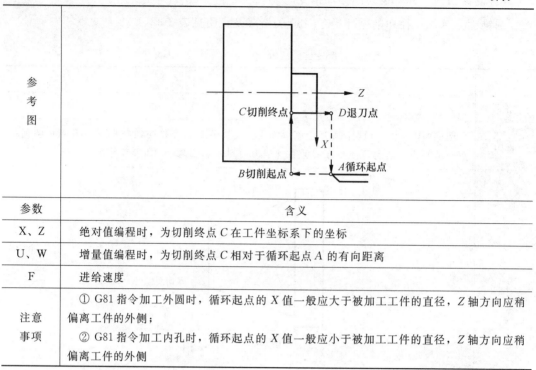

参数	含义
X、Z	绝对值编程时，为切削终点 C 在工件坐标系下的坐标
U、W	增量值编程时，为切削终点 C 相对于循环起点 A 的有向距离
F	进给速度
注意事项	① G81 指令加工外圆时，循环起点的 X 值一般应大于被加工工件的直径，Z 轴方向应稍偏离工件的外侧； ② G81 指令加工内孔时，循环起点的 X 值一般应小于被加工工件的直径，Z 轴方向应稍偏离工件的外侧

4. 圆锥端面切削循环指令

圆锥端面切削循环指令 G81 的格式及说明见表 3-34。

表 3-34　圆锥端面切削循环指令 G81

指令	G81
格式	G81 X_ Z_ K_ F_
说明	圆锥端面切削循环。该指令执行：从 A 点快速移动到 B 点→从 B 点切削到 C 点→从 C 点切削到 D 点→从 D 点快速退刀回到 A 点的循环。如参考图所示
参考图	

续表

参数	含 义
X、Z	绝对值编程时，为切削终点 C 在工件坐标系下的坐标
U、W	增量值编程时，为切削终点 C 相对于循环起点 A 的有向距离
K	为切削起点 B 相对于切削终点 C 的 Z 向有向距离
F	进给速度
注意事项	① G81 指令加工外圆时，循环起点的 X 值一般应大于被加工工件的直径，Z 轴方向应稍偏离工件的外侧； ② G81 指令加工内孔时，循环起点的 X 值一般应小于被加工孔的直径，Z 轴方向应稍偏离工件的外侧

5．编程范例

范例 1   用 G80 指令加工如图 3-24 所示零件。

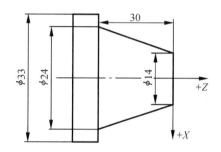

图 3-24 用 G80 指令加工的零件

加工程序及说明见表 3-35。

表 3-35 加工程序

程　　序	说　　明
％3502	程序号
N1 T0101	调用 01 号刀具、01 号刀具补偿
N2 M03 S600	主轴以 600 r/min 旋转
N3 G00 X40 Z3 M07	快速定位到循环起点；冷却液开
N4 G80 X30 Z－30 I－5.5 F100	加工第一次循环，吃刀深 3 mm
N5 X27 Z－30 I－5.5	加工第二次循环，吃刀深 3 mm
N6 X24 Z－30 I－5.5	加工第三次循环，吃刀深 3 mm
N7 M05 M09	主轴停；冷却液关
N8 M30	主程序结束并复位

范例 2   用 G81 指令加工如图 3-25 所示零件。

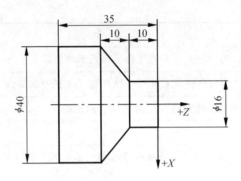

图 3-25　用 G81 指令加工的零件

加工程序及说明见表 3-36。

表 3-36　加工程序

程　　序	说　　明
％3503	程序号
N1 T0101	调用 01 号刀具、01 号刀具补偿
N2 M03 S400	主轴以 400 r/min 旋转
N3 G00 X42.4 Z3 M07	刀具到循环起点；冷却液开
N4 G81 X16 Z−3 K−11 F100	第一次循环，吃刀深 3 mm
N5 X16 Z−6 K−11	第二次循环，吃刀深 3 mm
N6 X16 Z−9 K−11	第三次循环，吃刀深 3 mm
N7 X16 Z−10 K−11	第四次循环，吃刀深 1 mm
N8 M05 M09	主轴停；冷却液关
N9 M30	主程序结束并复位

任务 3-5-1　思考与交流

1. 内（外）径切削循环 G80 与圆锥端面切削循环 G81 的用法有何区别，其循环起点的设置有什么特点？

2. 计算 G80 和 G81 指令中的 I 和 K 的值有何技巧？

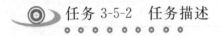

任务 3-5-2　任务描述

完成如图 3-26 所示圆锥的车削编程。

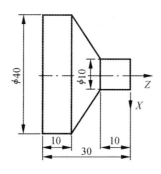

图 3-26 台阶轴的零件图及实体图

 任务 3-5-2 工作过程

第 1 步 分析零件图 3-26，确定加工工艺。根据此零件的图形及尺寸，宜采用三爪自定心卡盘夹紧工件，用圆锥端面切削循环指令 G81 加工锥面。

第 2 步 编写加工程序，参考程序见表 3-37。

表 3-37 加工程序

程 序	说 明
%3504	程序号
N1 T0101	选定 01 号刀具，调用 01 号刀具补偿
N3 M03 S600	主轴以 600 r/min 正转
N5 G00 X46 Z3 M07	刀具快速定位到循环起点；冷却液开
N7 G81 X10 Z−2.5 K−12 F100	第一次循环，吃刀深 2.5 mm
N9 X10 Z−5 K−12	第二次循环，吃刀深 2.5 mm
N11 X10 Z−7.5 K−12	第三次循环，吃刀深 2.5 mm
N13 X10 Z−10 K−12	第四次循环，吃刀深 2.5 mm
N15 G00 X100 M09	径向快速退刀到 X100；冷却液关
N17 Z100	轴向快速退刀到 Z100
N19 M05	主轴停
N21 M30	主程序结束并复位

第 3 步 通过仿真软件校验程序。

任务 3-6　复合循环 G71、G72、G73 的应用

任务 3-6-1　任务描述

编写如图 3-27 所示的国际象棋棋子"象"的车削程序。

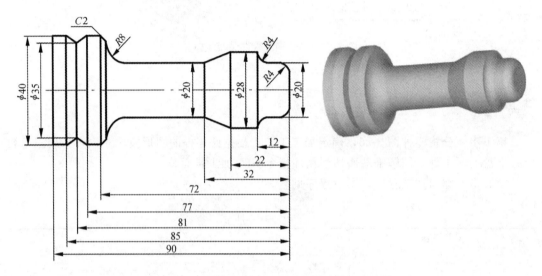

图 3-27　国际象棋棋子"象"的零件图及实体图

任务 3-6-1　工作过程

第 1 步　阅读与该任务相关的知识。

第 2 步　分析零件图 3-27，确定加工工艺。根据此零件的图形及尺寸，宜采用三爪自定心卡盘夹紧工件，用外径粗切循环指令 G71 加工零件的外轮廓，用切断刀切断工件，保证总长。设外圆刀为 1 号刀，切槽刀为 2 号刀，刃宽为 3 mm，各切削参数见程序。

第 3 步　编写加工程序，参考程序见表 3-38。

表 3-38　加工程序

程　　序	说　　明
％3601	程序号
N1 T0101 G95	选定 01 号刀具，调用 01 号刀具补偿；设定转进给
N3 M03 S600	主轴以 600 r/min 正转
N5 G00 X80 Z80	刀具快速定位到程序起点
N7 X45 Z3 M07	刀具快速定位到循环起点；冷却液开

程　　序	说　　明
N9 G71 U1 R1 P11 Q39 E0.3 F0.16	粗切循环加工（有凹槽）
N11 G00 X0	精加工起始行，刀具定位到轴线中心
N13 G01 Z0 F0.05 S900	刀具直线插补到右端面中心，设定精加工转速为 900 r/min，进给速度为 0.05 mm/r
N15 X12	精车前端面
N17 G03 X20 Z−4 R4	精加工 R4 圆弧
N19 G01 X20 Z−8	精加工 ϕ20 的外圆
N21 G02 X28 Z−12 R4	精加工 R4 圆弧
N23 G01 X28 Z−22	精加工 ϕ28 的外圆
N25 X20 Z−32	精加工锥面
N27 Z−62	精加工 ϕ20 的外圆
N29 G02 X36 Z−70 R8	精加工 R8 圆弧
N31 G01 X40 Z−72	精加工倒角
N33 Z−77	精加工 ϕ40 的外圆
N35 X35 Z−81	精加工凹锥面
N37 X40 Z−85	精加工凹锥面
N39 Z−93	精加工结束行，精加工 ϕ40 的外圆
N41 G00 X80	径向快速退刀
N43 Z80	轴向快速退刀到换刀点
N45 T0202	调用 02 号刀具、02 号刀具补偿
N47 M03 S400	主轴以 400 r/min 正转
N49 G00 X45	径向快速定位
N51 Z−93	轴向快速定位
N53 G01 X0 F0.02	以进给速度为 0.02 mm/r 的速度切断
N55 G00 X80	径向快速退刀到 X80
N57 Z80	轴向快速退刀到 Z80
N58 M05 M09	主轴停；冷却液关
N59 M30	主程序结束并复位

第 4 步　通过仿真软件校验程序。

任务 3-6-1　相关知识

1. 无凹槽外径粗车复合循环指令

无凹槽外径粗车复合循环指令 G71 的格式及说明见表 3-39。

表 3-39　无凹槽外径粗车复合循环指令 G71

指令	G71（无凹槽）
格式	G71 UΔd Rr Pns Qnf XΔx ZΔz Ff Ss Tt
说明	该指令执行如参考图所示的粗加工和精加工，其中精加工路径为 $A \to A' \to B' \to B$ 的轨迹
参考图	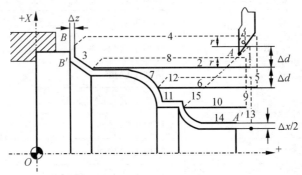

参数	含义
U	Δd：切削深度（每次切削量），指定时不加符号，方向由矢量 AA' 决定
R	r：每次退刀量
P	ns：精加工路径第一程序段（即图中的 AA'）的顺序号
Q	nf：精加工路径最后程序段（即图中的 BB'）的顺序号
X	Δx：X 方向精加工余量
Z	Δz：Z 方向精加工余量
F	f：粗加工时的进给速度
S	s：粗加工时的主轴转速
T	t：粗加工时的刀具功能

注意事项	① G71 切削循环下，切削进给方向平行于 Z 轴，$X\Delta U$ 和 $Z\Delta W$ 的符号如图3-28所示，其中（＋）表示沿轴正方向移动，（－）表示沿轴负方向移动； 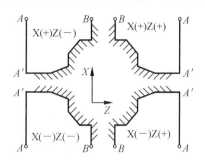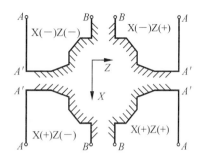 图 3-28　G71 复合循环下 $X\Delta U$ 和 $Z\Delta W$ 的符号 ② G71 指令必须带有 P、Q 地址，ns、nf 必须与精加工路径起、止顺序号对应，否则，不能进行该循环加工； ③ ns 的程序段必须为 G00/G01 指令，即从 A 到 A' 的动作必须是直线或点定位运动； ④ 从顺序号为 ns 到顺序号为 nf 的程序段中，不应包含子程序

2. 有凹槽外径粗车复合循环指令

有凹槽外径粗车复合循环指令 G71 的格式及说明见表 3-40。

表 3-40　有凹槽外径粗车复合循环指令 G71

指令	G71（有凹槽）
格式	G71 UΔd Rr Pns Qnf Ee Ff Ss Tt
说明	该指令执行如参考图所示的粗加工，其中精加工路径为 $A \rightarrow A' \rightarrow B' \rightarrow B$ 的轨迹
参考图	

续表

参数	含义
U	Δd：切削深度（每次切削量），指定时不加符号，方向由矢量 AA' 决定
R	r：每次退刀量
P	ns：精加工路径第一程序段（即图中的 AA'）的顺序号
Q	nf：精加工路径最后程序段（即图中的 $B'B$）的顺序号
E	e：精加工余量，其为 X 方向的等高距离；外径切削时为正，内径切削时为负。
F	f：粗加工时的进给速度
S	s：粗加工时的主轴转速
T	t：粗加工时的刀具功能
注意事项	① G71 切削循环下，切削进给方向平行于 Z 轴，XΔU 和 ZΔW 的符号如图 3-28 所示。其中（＋）表示沿轴正方向移动，（－）表示沿轴负方向移动； ② G71 指令必须带有 P、Q 地址，ns、nf 必须与精加工路径起、止顺序号对应，否则，不能进行该循环加工； ③ 顺序号为 ns 的程序段必须为 G00/G01 指令，即从 A 到 A' 的动作必须是直线或点定位运动； ④ 从顺序号为 ns 到顺序号为 nf 的程序段中，不应包含子程序

3. 编程范例

范例 1　用 G71 指令加工如图 3-29 所示零件。

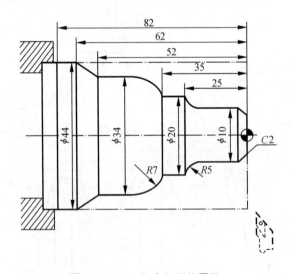

图 3-29　G71 指令加工的零件

加工程序见表 3-41。

表 3-41　加工程序

程　　序	说　　明
％3602	程序号
N1 T0101 G95	选定 01 号刀具,调用 01 号刀具补偿;设定每转进给
N2 M03 S600	主轴以 600 r/min 正转
N3 G00 X46 Z3 M07	刀具到循环起点位置;冷却液开
N4 G71 U1.5 R1 P5 Q13 X0.4 Z0.1 F0.15	粗加工循环:背吃刀量 1.5,退刀量 1,X 方向精加工余量 0.4,Z 方向精加工余量 0.1
N5 G00 X0	精加工轮廓起始行,快速定位到倒角延长线
N6 G01 X10 Z−2 F0.05 S1000	精加工 C2 倒角
N7 Z−20	精加工 ϕ10 的外圆
N8 G02 U10 W−5 R5	精加工 R5 圆弧
N9 G01 W−10	精加工 ϕ20 的外圆
N10 G03 U14 W−7 R7	精加工 R7 圆弧
N11 G01 Z−52	精加工 ϕ34 的外圆
N12 U10 W−10	精加工外圆锥
N13 W−20	精加工 ϕ44 的外圆,精加工轮廓结束行
N14 G00 X80	径向退刀
N15 Z50 M09	轴向退刀;冷却液关
N16 M05	主轴停
N17 M30	主程序结束并复位

范例 2　用 G71 指令加工如图 3-30 所示内孔零件。

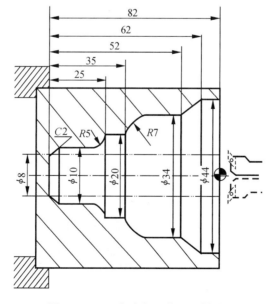

图 3-30　G71 指令加工的内孔零件

加工程序见表 3-42。

表 3-42　加工程序

程　　　序	说　　　明
％3603	程序号
N1 T0101 G95	调用 01 号刀具、01 号刀具补偿
N2 G00 X80 Z80	到程序起点或换刀点位置
N3 M03 S700	主轴以 700 r/min 正转
N4 X6 Z5 M07	到循环起点位置；冷却液开
N5 G71 U1 R1 P9 Q17 X−0.4 Z0.1 F0.14	粗加工循环：背吃刀量 1，退刀量 1，X 方向精加工余量 −0.4，Z 方向精加工余量 0.1，粗加工进给 0.14 mm/r
N6 G00 Z80	粗切后，到换刀点位置
X80	径向快速退刀
N7 T0202	调用 02 号刀具、02 号刀具补偿
N8 G00 G41 X6 Z5	加入 02 号刀尖圆弧半径补偿
N9 G00 X44	精加工轮廓开始，到 ϕ44 内孔处
N10 G01 W−25 F0.04 S1000	精加工 ϕ44 内孔
N11 U−10 W−10	精加工内圆锥
N12 W−10	精加工 ϕ34 的内圆
N13 G03 U−14 W−7 R7	精加工 R7 圆弧
N14 G01 W−10	精加工 ϕ20 的内圆
N15 G02 U−10 W−5 R5	精加工 R5 圆弧
N16 G01 Z−80	精加工 ϕ10 的内圆
N17 U−4 W−2	精加工 C2 倒角，精加工轮廓结束
N18 G40 X4	退出已加工表面，取消刀尖圆弧半径补偿
N19 G00 Z80	退出工件内孔
N20 X80	回程序起点或换刀点位置
M05 M09	主轴停；冷却液关
N21 M30	主程序结束并复位

范例 3　用 G71 指令加工如图 3-31 所示带凹槽的零件。

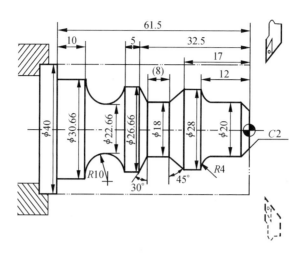

图 3-31　G71 指令加工的带凹槽零件

加工程序见表 3-43。

表 3-43　加工程序

程　　　序	说　　　明
%3604	程序号
N1 T0101 G95	调用 01 号刀具，确定其坐标系；设定每转进给
N2 G00 X80 Z100	到程序起点或换刀点位置
N3 M03 S600	主轴以 600 r/min 正转
N4 G00 X42 Z3 M07	到循环起点位置；冷却液开
N5 G71 U1 R1 P9 Q19 E0. 3 F0. 15	有凹槽粗切循环加工
N6 G00 X80	粗加工后，到换刀点位置
Z100	轴向快速退刀
N7 T0202	调用 02 号刀具、02 号刀具补偿
N8 G00 G42 X42 Z3	02 号刀具加入刀尖圆弧半径补偿
N9 G00 X10	精加工轮廓开始，到倒角延长线处
N10 G01 X20 Z−2 F0. 05 S900	精加工 C2 倒角
N11 Z−8	精加工 φ20 的外圆
N12 G02 X28 Z−12 R4	精加工 R4 圆弧
N13 G01 Z−17	精加工 φ28 的外圆
N14 U−10 W−5	精加工下切锥
N15 W−8	精加工 φ18 外圆槽
N16 U8. 66 W−2. 5	精加工上切锥
N17 Z−37. 5	精加工 φ26.66 的外圆
N18 G02 X30. 66 W−14 R10	精加工 R10 下切圆弧

续表

程 序	说 明
N19 G01 W−10	精加工 $\phi30.66$ 的外圆
N20 X40	退出已加工表面，精加工轮廓结束
N21 G00 G40 X80	取消半径补偿，径向退刀到 X80
Z100 M05 M09	轴向退刀回换刀点；冷却液关；主轴停止
N22 M30	主轴停，主程序结束并复位

任务 3-6-1　思考与交流

1. 外径粗车复合循环起点的设置有何特点？

2. 内径粗车复合循环起点的设置有何特点？

3. 内、外径粗车复合循环中精加工余量的设置有何区别？

任务 3-6-2　任务描述

编制如图 3-32 所示端盖零件的车削程序。

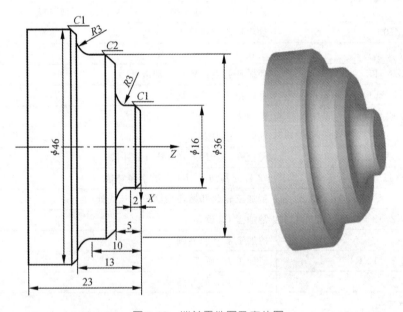

图 3-32　端盖零件图及实体图

任务 3-6-2　工作过程

第 1 步　阅读与该任务相关的知识。

第 2 步　分析零件图 3-32，确定加工工艺。

根据此零件的图形及尺寸，宜采用三爪自定心卡盘夹紧工件，用端面粗切循环指令
G72 加工外轮廓，用切断刀切断工件，保证总长。设定外圆刀为 1 号刀，切槽刀为 2 号
刀，刀宽为 3 mm。

第 3 步　编写加工程序，参考程序见表 3-44。

表 3-44　加工程序

程　序	说　明
％3605	程序号
N1 T0101 G95	选定 01 号刀具，调用 01 号刀具补偿；设定每转进给
N3 M03 S700	主轴以 700 r/min 正转
N5 G00 X80 Z80	刀具快速定位到程序起点
N7 G00 X50 Z2 M07	刀具到循环起点位置；冷却液开
N9 G72 W1 R1 P11 Q33 X0.2 Z0.2 F0.14	外端面粗切循环加工
N11 G00 Z−26	精加工轮廓起始行
N13 G01 X46 F0.06 S1000	刀具直线插补到 $\phi46$ 的外圆，设定精加工转速为 1 000 r/min，进给速度为 0.06 mm/r
N15 W12	精加工 $\phi46$ 的外圆
N17 X44 W1	精加工 C1 倒角
N19 X42	精加工 Z−13 处端面
N21 G03 X36 W3 R3	精加工 R3 圆弧
N23 G01 X36 Z−7	精加工 $\phi36$ 的外圆
N25 X32 W2	精加工 C2 倒角
N27 X22	精加工 Z−5 处端面
N29 G03 X16 W3 R3	精加工 R3 圆弧
N31 G01 X16 W1	精加工 $\phi16$ 的外圆
N33 X10 Z2	精加工 C1 的倒角
N35 G00 X80	径向快速退刀到 X80
N37 Z80	轴向快速退刀到 Z80
N39 T0202	调用 02 号刀具、02 号刀具补偿
N41 M03 S400	主轴以 400 r/min 正转
N43 G00 X50	径向快速进刀
N45 Z−26	轴向快速进刀
N47 G01 X0 F0.03	以进给速度为 0.03 mm/r 的速度切断
N49 G00 X80	径向快速退刀到 X80
N51 Z80	轴向快速退刀到 Z80
N52 M05 M09	主轴停；冷却液关
N53 M30	主程序结束并复位

第 4 步　通过仿真软件校验程序。

任务 3-6-2　相关知识

1. 端面粗车复合循环指令

端面粗车复合循环指令 G72 的格式及说明见表 3-45。

表 3-45　端面粗车复合循环指令 G72

指令	G72
格式	G72 WΔd Rr Pns Qnf XΔx ZΔz Ff Ss Tt
说明	该指令为端面粗车复合循环，执行如参考图所示的加工轨迹
参考图	

参数	含义
W	Δd：切削深度（每次切削量），指定时不加符号，方向由矢量 AA' 决定
R	r：每次退刀量
P	ns：精加工路径第一程序段（即图中的 AA'）的顺序号
Q	nf：精加工路径最后程序段（即图中的 $B'B$）的顺序号
X	Δx：X 方向精加工余量
Z	Δz：Z 方向精加工余量
F、S、T	f、s、t：粗加工时 G72 中编程的 F、S、T 值，而精加工时处于顺序号为 ns 到顺序号为 nf 程序段之间的 F、S、T 有效
注意事项	① G72 指令必须带有 P、Q 地址，否则不能进行该循环加工； ② 在顺序号为 ns 的程序段中应包含 G00/G01 指令，进行由 A 到 A' 的动作，且该程序段中不应编有 X 向移动指令； ③ 在顺序号为 ns 到顺序号为 nf 的程序段中，可以有 G02/G03 指令，但不应包含子程序

2. 编程范例

范例 1 用 G72 指令加工如图 3-33 所示零件。

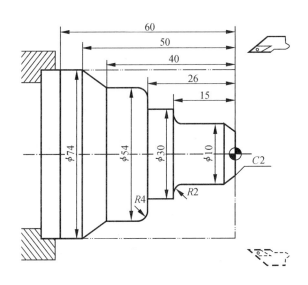

图 3-33 G72 指令加工的零件

加工程序见表 3-46。

表 3-46 加工程序

程　　序	说　　明
%3606	程序号
N1 T0101 G95	调用 01 号刀，调用 01 号刀具补偿；设定每转进给
N2 M03 S400	主轴以 400 r/min 正转
N3 G00 X100 Z80	到程序起点或换刀点位置
N4 X76 Z1 M07	到循环起点位置；冷却液开
N5 G72 W1.2 R1 P8 Q17 X0.6 Z0.4 F0.15	外端面粗切循环加工
N8 G00 G41 Z−51	加入刀尖圆弧半径补偿，精加工轨迹为外轮廓反向走刀，用左补偿 G41，精加工轮廓开始，到锥面延长线处
N9 G01 X54 Z−40 F0.05 S800	精加工锥面
N10 Z−30	精加工 $\phi54$ 的外圆
N11 G02 U−8 W4 R4	精加工 R4 圆弧
N12 G01 X30	精加工 Z−26 处端面
N13 Z−15	精加工 $\phi30$ 的外圆
N14 X14	精加工 Z−15 处端面

程 序	说 明
N15 G03 U−4 W2 R2	精加工 R2 圆弧
N16 G01 Z−2	精加工 ϕ10 的外圆
N17 X4 Z1	精加工 C2 倒角，精加工轮廓结束
N18 G00 X50	退出已加工表面
N19 G40 X100 Z80	取消半径补偿，返回程序起点位置
M05 M09	主轴停；冷却液关
N20 M30	主程序结束并复位

范例 2　用 G72 指令加工如图 3-34 所示的内孔零件。

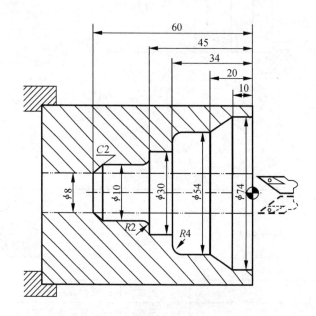

图 3-34　G72 指令加工的内孔零件

加工程序见表 3-47。

表 3-47　加工程序

程 序	说 明
%3607	程序号
N1 T0101 G95	调用 01 号刀，调用 01 号刀具补偿；设定每转进给
N2 M03 S400	主轴以 400 r/min 正转
N3 G00 X6 Z1 M07	到循环起点位置；冷却液开
N4 G72 W1.2 R1 P8 Q18 X−0.2 Z0.2 F0.12	内端面粗车循环加工

续表

程　　序	说　　明
N5 G00 Z80	轴向快速退刀
X100	径向快速退刀
N6 T0202	调用 02 号刀具、02 号刀具补偿
N7 G42 X6 Z1	加入精车刀尖圆弧半径补偿，精加工轨迹为内轮廓，反向走刀，用右补偿 G42
N8 G00 Z−61	精加工轮廓开始，到倒角延长线处
N9 G01 U6 W3 F0.05 S800	精加工 C2 倒角
N10 Z−47	精加工 $\phi10$ 的外圆
N11 G03 U4 W2 R2	精加工 R2 圆弧
N12 G01 X30	精加工 Z−45 处端面
N13 Z−34	精加工 $\phi30$ 的外圆
N14 X46	精加工 Z−34 处端面
N15 G02 U8 W4 R4	精加工 R4 圆弧
N16 G01 Z−20	精加工 $\phi54$ 的外圆
N17 X74 Z−10	精加工锥面
N18 Z1	精加工 $\phi74$ 的外圆，精加工轮廓结束
N19 G00 Z80 M09	轴向退刀；冷却液关
N20 X100 G40	径向退刀，取消刀具半径补偿
N21 M30	程序结束并复位

任务 3-6-2　思考与交流

1. 外端面粗车复合循环起点的设置有何特点？
2. 内端面粗车复合循环起点的设置有何特点？
3. 内、外端面粗车复合循环中精加工余量设置有何区别？

任务 3-6-3　任务描述

编制如图 3-35 所示阶梯轴的车削程序，其毛坯为铸件，轮廓加工余量为 5 mm。

任务 3-6-3　工作过程

第 1 步　阅读与该任务相关的知识。

第 2 步　分析零件图 3-35，确定加工工艺。

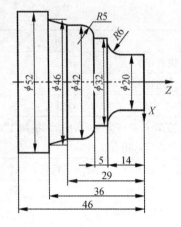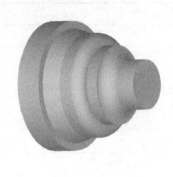

图 3-35　阶梯轴零件图及实体图

根据此零件的图形及尺寸，宜采用三爪自定心卡盘夹持零件右段外圆柱面，平端面，粗、精车零件左段 $\phi52$ 外圆柱（程序略）。调头，夹持 $\phi52$ 外圆柱，夹持长度不超过 8 mm，用闭环车削复合循环指令 G73 加工此零件右段外轮廓至尺寸要求。

第 3 步　编写加工程序，参考程序见表 3-48。

表 3-48　加工程序

程　　序	说　　明
%3608	程序号
N1 T0101 G95	调用 01 号刀具，调用 01 号刀具补偿；设定每转进给
N3 M03 S600	主轴以 600 r/min 正转
N5 G00 X100 Z50	刀具快速定位到程序起点
N7 G00 X70 Z10 M07	刀具到循环起点位置；冷却液开
N9 G73 U10 W1 R5 P11 Q25 X0.4 Z0.1 F0.15	闭环粗切循环加工
N11 G00 X20 Z1	精加工轮廓起始行，刀具定位到 $\phi20$ 外圆的延长线上
N13 G01 Z−8 F0.06 S900	精加工 $\phi20$ 的外圆，设定精加工转速为 900 r/min，进给速度为 0.06 mm/r
N15 G02 X32 Z−14 R6	精加工 R6 圆弧
N17 G01 W−5	精加工 $\phi20$ 的外圆
N19 G03 X42 W−5 R5	精加工 R5 圆弧
N21 G01 Z−29	精加工 $\phi42$ 的外圆
N23 X46 Z−36	精加工锥面
N25 X52	精加工 Z−36 处端面
N27 G00 X100 Z50	退刀
N28 M05 M09	主轴停；冷却液关
M29 M30	程序结束并复位

第 4 步　通过仿真软件校验程序。

任务 3-6-3 　相关知识

1. 闭环车削复合循环

闭环车削复合循环指令 G73 的格式及说明见表 3-49。

表 3-49　闭环车削复合循环指令 G73

指令	G73
格式	G73 UΔI WΔK R$\underline{r}$ P$\underline{ns}$ Q$\underline{nf}$ XΔx ZΔz F$\underline{f}$ S$\underline{s}$ T$\underline{t}$
说明	该指令在切削工件时刀具轨迹如参考图所示的封闭回路，刀具逐渐进给，使封闭切削回路逐渐向零件最终形状靠近，最终切削成工件的形状，其精加工路径为 $A \to A' \to B' \to B$。该指令能对铸造、锻造等粗加工中已初步成形的工件进行高效率切削
参考图	

参考图部分：

$$\Delta k + \Delta z$$
$$\Delta z \quad A_1$$
$$+X \qquad \Delta I + \Delta x/2$$
$$A \quad \Delta x/2$$
$$B$$
$$B'$$
$$A_1'$$
$$A' \quad \Delta z \quad \Delta x/2$$
$$O \qquad\qquad\qquad Z$$

参数	含义
U	ΔI：X 轴方向的粗加工总余量
W	ΔK：Z 轴方向的粗加工总余量
R	r：粗切削次数
P	ns：精加工路径第一程序段（即图中的 AA'）的顺序号
Q	nf：精加工路径最后程序段（即图中的 $B'B$）的顺序号
X	Δx：X 方向精加工余量
Z	Δz：Z 方向精加工余量
F、S、T	f，s，t：粗加工时 G73 中编程的 F、S、T 有效，而精加工时处于顺序号为 ns 到顺序号为 nf 程序段之间的 F、S、T 有效
注意事项	① ΔI 和 ΔK 表示粗加工时总的切削量，粗加工次数为 r，则每次 X、Z 方向的切削量为 $\Delta I/r$、$\Delta K/r$； ② 按 G73 指令中的 P 和 Q 指令值实现循环加工，要注意 Δx 和 Δz，ΔI 和 ΔK 的正负号； ③ 在顺序号为 ns 到顺序号为 nf 的程序段中，可以有 G02/G03 指令，但不应包含子程序

2. 编程范例

范例 1 用 G73 指令加工如图 3-36 所示的零件。

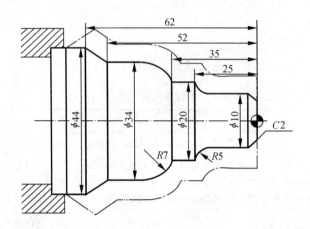

图 3-36 用 G73 指令加工的零件

加工程序见表 3-50。

表 3-50 加工程序

程　　序	说　　明
％3609	程序号
N1 T0101 G95	调用 01 号刀，调用 01 号刀具补偿；设定每转进给
N2 M03 S600 G00 X100 Z50	主轴以 600 r/min 正转，刀具快速定位到安全点
N3 X60 Z5 M07	到循环起点位置；冷却液开
N4 G73 U6 W0.9 R3 P5 Q13 X0.4 Z0.1 F0.2	闭环粗切循环加工
N5 G00 X4 Z1	精加工轮廓开始，到倒角延长线处
N6 G01 X10 Z−2 F0.08 S1000	精加工 C2 倒角
N7 Z−20	精加工 ϕ10 的外圆
N8 G02 U10 W−5 R5	精加工 R5 圆弧
N9 G01 Z−35	精加工 ϕ20 的外圆
N10 G03 U14 W−7 R7	精加工 R7 圆弧
N11 G01 Z−52	精加工 ϕ34 的外圆
N12 U10 W−10	精加工锥面
N13 U10	退出已加工表面，精加工轮廓结束
N14 G00 X100	快速退刀到 X100
N15 Z50 M05 M09	快速退刀到 Z50；主轴停止；冷却液关
N16 M30	主程序结束并复位

任务 3-7 刀尖圆弧半径补偿 G40、G41、G42 的应用

任务 3-7-1 任务描述

编写如图 3-37 所示台阶轴的车削程序。

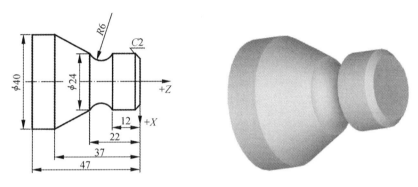

图 3-37 台阶轴的零件图及实体图

任务 3-7-1 工作过程

第 1 步 阅读该任务相关的知识。

第 2 步 分析零件图 3-37，确定加工工艺。根据此零件的图形及尺寸，宜采用三爪定心卡盘夹紧工件，用外径粗车复合循环指令 G71 加工零件。为保证零件的形状精度，在精加工时调用刀尖圆弧半径补偿。

第 3 步 编写加工程序，参考程序见表 3-51。

表 3-51 加工程序

程　　序	说　　明
％3701	程序号
N1 T0101 G95	调用 01 号刀具，调用 01 号刀具补偿；设定每转进给
N3 G00 X80 Z50	刀具快速定位到程序起点
N5 M03 S600	主轴以 600 r/min 正转
N7 G00 X41 Z1 M07	刀具到循环起点位置；冷却液开
N9 G71 U1 R1 P19 Q29 X0.8 Z0.4 F0.18	外圆粗切循环加工
N11 G00 X80 Z50	粗切循环加工后回换刀点

续表

程　序	说　明
N13 T0202	调用 02 号刀具，调用 02 号刀具补偿
N15 M03 S1000	精加工主轴转速为 1 000 r/min
N17 G00 X42 Z1 G42	从换刀点快速定位到循环起点，同时建立右刀补
N19 G01 X18 Z1 F0.06	精加工轮廓起始行
N21 X24 Z−2	精加工倒角
N23 Z−12	精加工 ϕ24 的外圆
N25 G02 X24 Z−22 R6	精加工 R6 凹圆弧
N27 G01 X40 Z−37	精加工外锥面
N29 Z−47	精加工 ϕ40 的外圆
N31 G00 G40 X80	径向快速退刀到 X80，并取消刀补
N33 Z50	轴向快速退刀到 Z50
N35 M05 M09	主轴停；冷却液关
N37 M30	主程序结束并复位

第 4 步　通过仿真软件校验程序。

任务 3-7-1　相关知识

1. 刀尖圆弧半径补偿

刀尖圆弧半径补偿 G40、G41 和 G42 指令的格式及说明见表 3-52。

表 3-52　刀尖圆弧半径补偿 G40、G41、G42 指令

指令	G40/G41/G42
格式	$\left\{\begin{array}{l}G40\\G41\\G42\end{array}\right\}\left\{\begin{array}{l}G00\\G01\end{array}\right\}$ X_ Z_
说明	数控程序一般是针对刀具上的某一点即刀位点，按工件轮廓尺寸编制的。车刀的刀位点一般为理想状态下的假想刀尖点或刀尖圆弧圆心点。但实际加工中的车刀，由于工艺或其他要求，刀尖往往不是一理想点，而是一段圆弧。切削加工时刀具切削点在刀尖圆弧上发生变动，实际切削点与刀位点之间的位置就有偏差，从而造成过切或少切。这种由于刀尖不是一理想点而是一段圆弧造成的加工误差，可用刀尖圆弧半径补偿功能来消除。刀补方向的判别如参考图所示

续表

参考图	① 前置刀架的刀补方向的判别和刀尖方位的判别如下： ② 后置刀架刀补方向及刀尖方位的判别如下： 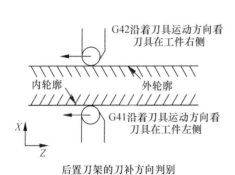 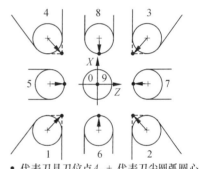

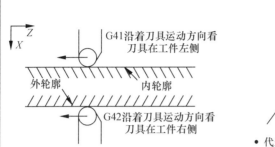
前置刀架的刀补方向判别

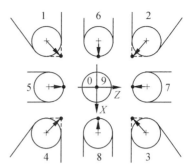
• 代表刀具刀位点 A，+ 代表刀尖圆弧圆心 O
前置刀架的刀尖方位判别

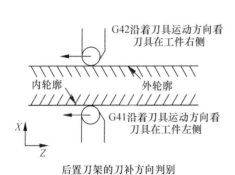
后置刀架的刀补方向判别

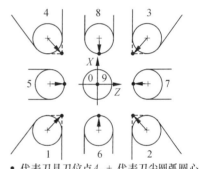
• 代表刀具刀位点 A，+ 代表刀尖圆弧圆心 O
后置刀架的刀尖方位判别

参数	含义
G41	左刀补（在刀具前进方向左侧补偿）
G42	右刀补（在刀具前进方向右侧补偿）
G40	取消刀尖半径补偿
X、Z	G00/G01 的参数，即建立刀补或取消刀补的终点坐标
注意事项	① G40、G41、G42 都是模态代码，可相互注销； ② G41/G42 不带参数，其补偿号（代表所用刀具对应的刀尖半径补偿值）由 T 代码指定，其刀尖圆弧补偿号与刀具偏置补偿号对应； ③ 刀尖半径补偿的建立与取消只能用 G00 或 G01 指令，不得是 G02 或 G03 指令

2. 编程范例

范例1 编制如图 3-38 所示手柄零件的精加工程序。

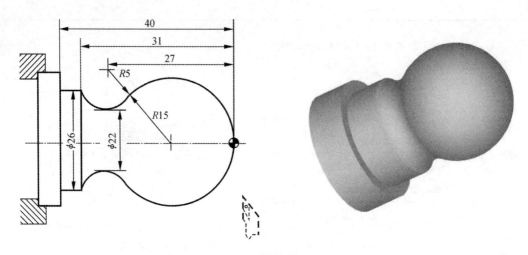

图 3-38　手柄零件图及实体图

加工程序见表 3-53。

表 3-53　加工程序

程　　序	说　　明
%3702	程序号
N1 T0101 G95	调用 01 号刀具，调用 01 号刀具补偿；设定每转进给
N2 M03 S1000	主轴以 1 000 r/min 正转
N3 G46 X800 P1500	设定最低和最高转速，分别为 800 r/min 和 1 500 r/min
N4 G96 S65 M07	恒线速切削，线速度为 65 m/min；冷却液开
N5 G00 X40 Z5	到程序起点位置
N6 G01 G42 X0 Z0 F0.15	直线插补右端面中心，同时建立刀具补偿
N7 G03 U24 W−24 R15	加工 R15 圆弧段
N8 G02 X26 Z−31 R5	加工 R5 圆弧段
N9 G01 Z−40	加工 ϕ26 的外圆
N10 G00 X30	退出已加工表面
N11 X40 Z5 G40 G97 M09	返回程序起点位置，取消半径补偿；取消恒线速切削；冷却液关
N12 M30	主程序结束并复位

范例 2　编制如图 3-39 所示阶梯孔的精加工程序。

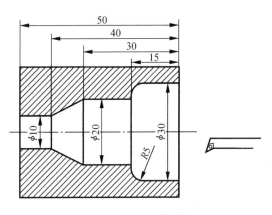

图 3-39　阶梯孔零件图

加工程序见表 3-54。

表 3-54　加工程序

程　　序	说　　明
％3703	程序号
N1 T0101 G95	调用 01 号刀，调用 01 号刀具补偿；设定每转进给
N2 M03 S700	主轴以 700 r/min 正转
N3 G00 X10 Z5 M07	快速定位到程序起点；冷却液开
N4 G00 X30 Z1 G41	快速定位到起刀点，同时建立刀尖圆弧半径补偿
N5 G01 Z−10 F0.12	加工 ϕ30 内孔
N6 G03 X20 Z−15 R5	加工 R5 圆弧段
N7 G01 Z−30	加工 ϕ20 内孔
N8 G01 X10 Z−40	加工内锥面
N9 G01 Z−50	加工 ϕ10 内孔
N10 G01 X8	X 向让刀 1 mm
N11 G00 G40 Z80 M09	Z 向退刀，同时取消刀具补偿；冷却液关
N12 M05	主轴停
N13 M30	主程序结束并复位

任务 3-7-1　思考与交流

1. 刀尖圆弧半径补偿 G41、G42 的判别方法。

2. 刀尖圆弧半径补偿的建立和取消应注意哪些问题？

任务 3-7-2　任务描述

编制如图 3-40 所示短轴零件的车削程序。

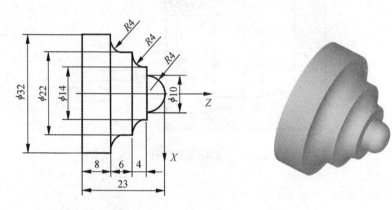

图 3-40　短轴零件图及实体图

任务 3-7-2　工作过程

第 1 步　分析零件图 3-40，确定加工工艺。

根据此零件的图形及尺寸，宜采用三爪自定心卡盘夹紧工件，用外端面粗车复合循环指令 G72 加工零件。为保证零件的形状精度，在精加工时调用刀尖圆弧半径补偿。

第 2 步　编写加工程序，参考程序见表 3-55。

表 3-55　加工程序

程　　序	说　　明
％3704	程序号
N1 T0101 G95	调用 01 号刀具，调用 01 号刀具补偿；设定每转进给
N3 G00 X80 Z80	刀具快速定位到程序起点
N5 M03 S600	主轴以 600 r/min 正转
N7 G00 X36 Z1 M07	快速定位到循环起点；冷却液开
N9 G72 W2 R0.5 P11 Q25 X0.3 Z0.1 F0.15	端面粗切循环加工：Z 方向每次进刀 2，退刀 1，X 方向精加工余量单边 0.15，Z 方向精加工余量 0.1，粗加工进给速度为 0.15 mm/r
N11 G00 G41 Z—15 F0.06 S900	精加工轮廓起始行，建立左刀补；精加工转速为 900 r/min，进给速度为 0.06 mm/r
N13 X30	精加工 $\phi 32$ 外圆处端面
N15 G03 X22 Z—11 R4	精加工 R4 凹圆弧

续表

程　序	说　明
N17 G01 Z－9	精加工 φ22 的外圆
N19 G03 X14 Z－5 R4	精加工 R4 凹圆弧
N21 G01 X10	精加工 φ14 外圆处端面
N23 Z－4	精加工 φ10 的外圆
N25 G02 X2 Z0 R4	精加工 R4 凸圆弧，精加工轮廓终止行
N27 G40 G00 X100 Z80 M09	快速退刀，并取消刀补；冷却液关
N29 M05	主轴停
N31 M30	主程序结束并复位

第 3 步　通过仿真软件校验程序。

任务 3-8　螺纹车削 G32、G82、G76 的应用

任务 3-8-1　任务描述

完成如图 3-41 所示螺栓的车削编程。

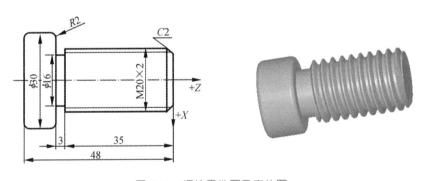

图 3-41　螺栓零件图及实体图

任务 3-8-1　工作过程

第 1 步　阅读与该任务相关的知识。

第 2 步　分析零件图，确定加工工艺。根据零件图形及尺寸，备料 φ35×50，用三爪定心卡盘夹紧毛坯，平端面（程序略），粗、精车螺栓头至尺寸要求，切螺纹退刀槽至尺寸要求。调头夹持螺栓头，用外径粗车复合循环指令 G71 加工螺杆至尺寸要求，用螺纹车削指令 G76 加工 M20×2 的螺纹。

第 3 步　编写加工程序，参考程序见表 3-56。

表 3-56　加工程序

程　　序	说　　明
%3801	程序号（加工螺栓头，即工件左段）
N1 T0101 G95	调用 01 号刀，调用 01 号刀具补偿；设定每转进给
N3 M03 S700	主轴以 700 r/min 正转
N5 G00 X36 Z2 M07	快速定位到循环起点；冷却液开
N7 G71 U1 R1 P9 Q15 X0.4 Z0.1 F0.15	外径粗切循环
N9 G00 X0	精加工轮廓起始行，刀具定位到轴线中心
N11 G01 Z0 F0.06 S900	刀具直线插补到端面中心，设定精加工转速为 900 r/min，进给为 0.06 mm/r
N13 G01 X30 R2	精加工端面，并倒圆角 R2
N15 Z—15	精加工 $\phi30$ 的外圆
N17 G00 X100	径向快速退刀
N19 Z50	轴向快速退刀
N21 T0202	换 02 号切槽刀，刃宽 3 mm
N23 M03 S300	主轴以 300 r/min 正转
N25 G00 Z—13	轴向快速定位切槽处
N27 X32	径向快速接近工件
N29 G01 X16 F0.05	以 0.05 mm/r 的进给速度切槽
N31 X26 F0.4	以 0.4 mm/r 的进给速度退刀到 X26 处
N33 G02 U4 W2 R2 F0.05 S600	加工 R2 圆弧
N35 G00 X100 M09	径向快速退刀；冷却液关
N37 Z50	轴向快速退刀
N39 M30	程序结束并返回到程序头
%3802	程序号（加工螺杆）
N1 T0101 G95	换 01 号刀，调用 01 号刀具补偿；设定每转进给
N3 M03 S700	主轴以 700 r/min 正转
N5 G00 X36 Z2 M07	快速定位到循环起点
N7 G71 U1 R1 P9 Q15 X0.4 Z0.1 F0.15	外径粗切循环
N9 G00 X0	精加工轮廓起始行，刀具定位到轴线中心
N11 G01 Z0 F0.07 S900	刀具直线插补到端面中心，设定精加工转速为 900 r/min，进给速度为 0.07 mm/r
N13 G01 X20 C2	精加工端面，并加工 C2 倒角
N15 Z—36	加工螺纹大径 $\phi20$

续表

程　　序	说　　明
N17 G00 X100	径向进刀
N19 Z50	轴向进刀
N21 T0303	换 3 号螺纹刀，调用 03 号刀具补偿
N23 S500	主轴以 500 r/min 正转
N25 G00 X24 Z3	刀具到螺纹切削循环起点
N27 G76 C2 A60 X17.402 Z−36.5 K1.229 U0.03 V0.04 Q0.2 F2	螺纹车削指令 G76 加工 M20×2 的外螺纹：精整 2 次、牙型角 60°、牙型高 1.299、精加工余量 0.03、最小切深 0.04、最大切深 0.2、导程 2
N29 G00 X80 Z80	快速退刀
N31 M05 M09	主轴停；冷却液关
N33 M30	主程序结束并复位

第 4 步　通过仿真软件校验程序。

任务 3-8-1　相关知识

1. 常用螺纹切削的进给次数与吃刀量表

螺纹车削加工为成形车削，且切削进给量较大，刀具强度较差，一般要求分数次进给加工。表 3-57 所示为常用螺纹切削的进给次数与吃刀量。

表 3-57　常用螺纹切削的进给次数与吃刀量

米 制 螺 纹							
螺距	1.0	1.5	2	2.5	3	3.5	4
牙深（半径量）	0.649	0.974	1.299	1.624	1.949	2.273	2.598
切削次数及吃刀量（直径量）　1 次	0.7	0.8	0.9	1.0	1.2	1.5	1.5
2 次	0.4	0.6	0.6	0.7	0.7	0.7	0.8
3 次	0.2	0.4	0.6	0.6	0.6	0.6	0.6
4 次		0.16	0.4	0.4	0.4	0.6	0.6
5 次			0.1	0.4	0.4	0.4	0.4
6 次				0.15	0.4	0.4	0.4
7 次					0.2	0.2	0.4
8 次						0.15	0.3
9 次							0.2

英制螺纹							
牙/in	24	18	16	14	12	10	8
牙深（半径量）	0.678	0.904	1.016	1.162	1.355	1.626	2.033
切削次数及吃刀量（直径量） 1次	0.8	0.8	0.8	0.8	0.9	1.0	1.2
2次	0.4	0.6	0.6	0.6	0.6	0.7	0.7
3次	0.16	0.3	0.5	0.5	0.6	0.6	0.6
4次	—	0.11	0.14	0.3	0.4	0.4	0.5
5次	—	—	—	0.13	0.21	0.4	0.5
6次	—	—	—	—	—	0.16	0.4
7次	—	—	—	—	—	—	0.17

注：① 从螺纹粗加工到精加工，主轴的转速必须保持为常数；

② 在没有停止主轴的情况下，停止螺纹的切削是非常危险的，因此，螺纹切削时进给保持功能无效，如果按下进给保持按键，刀具在加工完螺纹后停止运动；

③ 在螺纹加工中不使用恒定线速度控制功能；

④ 在螺纹加工轨迹中应设置足够的升速进刀段 δ 和降速退刀段 δ'，以消除伺服滞后造成的螺距误差。

2. 螺纹车削

螺纹车削指令 G32 的格式及说明见表 3-58。

表 3-58 螺纹车削指令 G32

指令	G32
格式	G32 X（U）_ Z（W）_ R_ E_ P_ F_
说明	G32 可以车圆柱螺纹、锥螺纹和端面螺纹，参考图为车锥螺纹示意图
参考图	

参数	含义
X、Z	为绝对编程时，有效螺纹终点在工件坐标系中的坐标
U、W	为增量编程时，有效螺纹终点相对于螺纹切削起点的位移量
F	螺纹导程，即主轴每转一圈，刀具相对于工件的进给值
R、E	螺纹切削的退尾量，R 表示 Z 方向退尾量，E 表示 X 方向退尾量，R、E 在绝对或增量编程时都是以增量方式指定，其为正表示沿 Z、X 正向回退，为负表示沿 Z、X 负向回退。使用 R、E 可免去退刀槽。R、E 可以省略，表示不用回退功能；根据螺纹标准，R 一般取两倍的螺距，E 大于螺纹的牙型高
P	主轴基准脉冲处距离螺纹切削起始点的主轴转角
注意事项	① 从螺纹粗加工到精加工，主轴的转速必须保持为常数； ② 在没有停止主轴的情况下，停止螺纹的切削是非常危险的，因此，螺纹切削时进给保持功能无效。如果按下进给保持按键，刀具在加工完螺纹后停止运动； ③ 在螺纹加工中不使用恒线速控制功能； ④ 在螺纹加工轨迹中应设置足够的升速进刀段 δ 和降速退刀段 δ'，以消除伺服滞后造成的螺距误差

3. 螺纹车削循环

螺纹车削循环指令 G82 的格式及说明见表 3-59。

表 3-59　螺纹车削循环指令 G82

指令	G82
格式	G82 X（U）_Z（W）_I_R_E_C_P_F_
说明	G82 指令可以加工圆柱螺纹、锥螺纹、多头螺纹。如参考图所示，单头螺纹加工时，G82 指令执行四个动作：从循环起点 A 到螺纹切削起点 B 的快速定位→从 B 点到螺纹切削终点的螺纹切削→从 C 点到 D 点的螺纹退尾切削→从 D 点回到循环起点 A 的快速退刀
参考图	

参数	含义
X、Z	为绝对值编程时，有效螺纹终点在工件坐标系中的坐标
U、W	为增量值编程时，有效螺纹终点相对于螺纹切削起点的位移量
I	为螺纹起点 B 与螺纹终点 C 的半径差。其符号为差的符号（无论是绝对值编程还是增量值编程）
F	螺纹导程，即主轴每转一圈，刀具相对于工件的进给值
R、E	螺纹切削的退尾量，R 表示 Z 方向退尾量；E 表示 X 方向退尾量，R、E 在绝对值或增量值编程时都是以增量方式指定，其为正表示沿 Z、X 正向回退，为负表示沿 Z、X 负向回退。使用 R、E 可免去退刀槽。R、E 可以省略，表示不用回退功能；根据螺纹标准，R 一般取两倍的螺距，E 大于螺纹的牙型高
C	螺纹头数，为 0 或 1 时切削单头螺纹
P	主轴基准脉冲处距离螺纹切削起始点的主轴转角
注意事项	① 从螺纹粗加工到精加工，主轴的转速必须保持为常数； ② 在没有停止主轴的情况下，停止螺纹的切削是非常危险的，因此螺纹切削时进给保持功能无效。如果按下进给保持按键，刀具在加工完螺纹后停止运动； ③ 在螺纹加工中不使用恒定线速度控制功能； ④ 在螺纹加工轨迹中应设置足够的升速进刀段 δ 和降速退刀段 δ'，以消除伺服滞后造成的螺距误差

4. 螺纹切削复合循环

螺纹切削复合循环指令 G76 的格式及说明见表 3-60。

表 3-60　螺纹切削复合循环指令 G76

指令	G76
格式	G76 C$\underline{c}$ R$\underline{r}$ E$\underline{e}$ A$\underline{a}$ X$\underline{x}$ Z$\underline{z}$ I$\underline{i}$ K$\underline{k}$ U$\underline{d}$ V$\underline{\Delta d_{min}}$ Q$\underline{\Delta d}$ P$\underline{p}$ F$\underline{L}$
说明	执行如参考图所示的复合切削循环
参考图	

参数	含义
C	c：精整次数（1~99），为模态值
R	r：螺纹 Z 向退尾长度（00~99），为模态值
E	e：螺纹 X 向退尾长度（00~99），为模态值
A	a：刀尖角度（二位数字），为模态值，在 80°、60°、55°、30°、29°和 0°六个角度中选一个
X、Z	x、z：绝对值编程时，为有效螺纹终点 C 的坐标；增量值编程时，为有效螺纹终点 C 相对于循环起点 A 的有向距离（用 G91 指令定义为增量值编程，使用后用 G90 定义为绝对值编程）
I	i：螺纹两端的半径差，如果 $i=0$，则为直螺纹（圆柱螺纹）切削方式
K	k：螺纹的牙深（半径值）
U	d：精加工余量（半径值）
V	Δd_{min}：最小切削深度（半径值），当第 n 次切削深度（$\Delta d\sqrt{n}-\Delta d\sqrt{n-1}$）小于 Δd_{min} 时，则切削深度设定为 Δd_{min}
Q	Δd：第一次切削深度（半径值）
P	p：主轴基准脉冲处距离切削起始点的主轴转角
F	L：螺纹导程（同 G32）
注意事项	① 从螺纹粗加工到精加工，主轴的转速必须保持为常数； ② 在没有停止主轴的情况下，停止螺纹的切削是非常危险的，因此螺纹切削时进给保持功能无效，如果按下进给保持按键，刀具在加工完螺纹后停止运动； ③ 在螺纹加工中不使用恒定线速度控制功能； ④ 在螺纹加工轨迹中应设置足够的升速进刀段 δ 和降速退刀段 δ'，以消除伺服滞后造成的螺距误差； ⑤ 按 G76 指令中的 X$\underline{x}$ 和 Z$\underline{z}$ 指令实现循环加工，增量值编程时，要注意 u 和 w 的正负号（由刀具轨迹 AC 和 CD 段的方向决定）； ⑥ G76 循环进行单边切削，减小了刀尖的受力，第一次切削时切削深度为 Δd，第 n 次切削的总深度为 $\Delta d\sqrt{n}$，每次循环的背吃刀量为 $\Delta d(\sqrt{n}-\sqrt{n-1})$

5. 编程范例

范例 1　用 G32 指令加工如图 3-42 所示的螺纹。

螺纹导程为 1.5 mm，$\delta=1.5$ mm，$\delta'=1$ mm，每次吃刀量（直径值）分别为 0.8 mm、0.6 mm、0.4 mm、0.16 mm，加工程序见表 3-61。

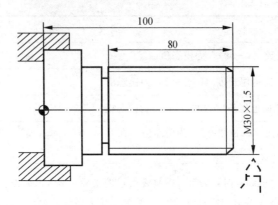

图 3-42　螺钉零件图

表 3-61　加工程序

程　　序	说　　明
％3803	程序号
N1 T0101 G95	调用 01 号刀，调用 01 号刀具补偿；设定每转进给
N2 M03 S400	主轴以 400 r/min 旋转
N3 G00 X29.2 Z101.5 M07	到螺纹切削起点，升速段 1.5 mm，吃刀深 0.8 mm；冷却液开
N4 G32 Z19 F1.5	第一次螺纹切削，降速段 1 mm
N5 G00 X40	X 轴方向快退
N6 Z101.5	Z 轴方向快退到加工起点
N7 X28.6	X 轴方向快进到螺纹切削起点，吃刀深 0.6 mm（直径）
N8 G32 Z19 F1.5	第二次螺纹切削
N9 G00 X40	X 轴方向快退
N10 Z101.5	Z 轴方向快退到加工起点
N11 X28.2	X 轴方向快进到螺纹切削起点，吃刀深 0.4 mm（直径）
N12 G32 Z19 F1.5	第三次螺纹切削
N13 G00 X40	X 轴方向快退
N14 Z101.5	Z 轴方向快退到加工起点
N15 U−11.96	X 轴方向快进到螺纹切削起点，吃刀深 0.16 mm（直径）
N16 G32 W−82.5 F1.5	第四次螺纹切削
N17 G00 X40 M09	X 轴方向快退；冷却液关

续表

程　　序	说　　明
N18 X50 Z120	快速退刀到安全点
N19 M05	主轴停
N20 M30	主程序结束并复位

范例 2　用 G82 指令加工如图 3-43 所示的双头螺纹。

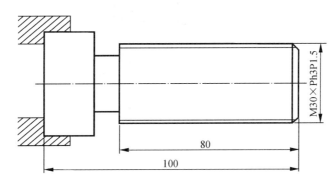

图 3-43　双头螺纹零件图

螺纹导程为 3 mm，$\delta = 4$ mm，$\delta' = 1.5$ mm，每次吃刀量（直径值）分别为 0.8 mm、0.6 mm 、0.4 mm、0.16 mm，加工程序见表 3-62。

表 3-62　加工程序

程　　序	说　　明
％3804	程序号
N1 T0101 G95	调用 01 号刀具，调用 01 号刀具补偿；设定每转进给
N2 M03 S300	主轴以 300 r/min 正转
N3 G00 X35 Z104 M07	快速定位到循环起点；冷却液开
N4 G82 X29.2 Z18.5 C2 P180 F3	第一次循环切螺纹，切深 0.8 mm
N5 X28.6 Z18.5 C2 P180 F3	第二次循环切螺纹，切深 0.6 mm
N6 X28.2 Z18.5 C2 P180 F3	第三次循环切螺纹，切深 0.4 mm
N7 X28.04 Z18.5 C2 P180 F3	第四次循环切螺纹，切深 0.16 mm
N8 G00 X80 Z250 M09	快速退刀；冷却液关
N9 M05	主轴停
N10 M30	主程序结束并复位

范例 3　用 G76 指令加工如图 3-44 所示的锥螺纹。

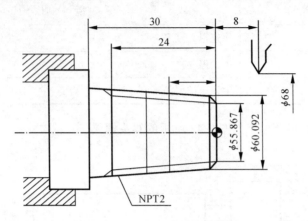

图 3-44　用 G76 指令加工锥螺纹

查表得 NPT2 螺纹的有关参数：螺距 2.209，牙深 1.767，基准距离 11.065，基准平面内的大径 60.092、中径 58.325、小径 56.558。

加工程序见表 3-63。

表 3-63　加工程序

程　　序	说　　明
％3805	程序号
N1 T0101 G95	调用 01 号刀，调用 01 号刀具补偿；设定每转进给
N2 M03 S800	主轴以 800 r/min 正转
N3 G00 X100 Z100	快速定位到换刀点
N4 X68 Z8 M07	快速定位到外径固定切削循环起点；冷却液开
N5 G80 X61.217 Z−30 I−1.188 F0.1	精加工圆锥表面
N6 G00 X100 Z100 M05	快速退刀到换刀点，主轴停
N7 T0202	换 02 号螺纹刀，调用 02 号刀具补偿
N8 M03 S300	主轴以 300 r/min 正转
N9 G00 X68 Z8	快速定位到螺纹复合切削循环起点
N10 G76 C2 R−3 E1.3 A60 X57.306 Z−24 I−1 K1.767 U0.1 V0.1 Q0.9 F2.209	螺纹复合切削循环加工：精整 2 次、牙型角 60°、锥螺纹切削终点对锥螺纹切削起点的半径差为−1、牙高 1.767、精加工余量 0.1、最小切深 0.1、最大切深 0.9、导程 2.209
N11 G00 X100 Z100 M09	快速退刀到换刀点；冷却液关
N12 M05	主轴停
N13 M30	主程序结束并返回程序头

任务 3-8-1　思考与交流

1. 简述螺纹加工应注意的事项。
2. 简述螺纹车削 G32、G82、G76 各自的加工特点和用法。

任务 3-8-2　任务描述

编制如图 3-45 所示丝套的车削程序。

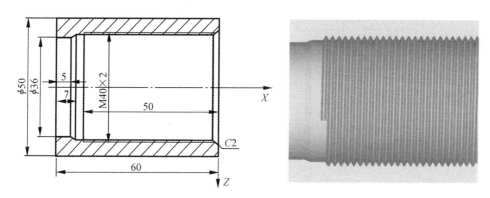

图 3-45　丝套零件图及实体剖视图

任务 3-8-2　工作过程

第 1 步　分析零件图 3-45，确定加工工艺。

根据此零件的图形及尺寸，宜采用三爪自定心卡盘夹紧工件，钻中心孔，再钻 $\phi 20$ 通孔，用内径粗切循环指令 G71 加工内轮廓，用 G76 指令加工内螺纹。

第 2 步　编写加工程序，参考程序见表 3-64。

表 3-64　加工程序

程　　序	说　　明
%3806	程序号
N1 T0101 G95	调用 01 号刀，调用 01 号刀具补偿；设定每转进给
N3 M03 S600	主轴以 600 r/min 正转
N5 G00 X80 Z80	快速定位到程序起点
N7 G00 X18 Z3 M07	快速定位到内径粗切循环起点
N9 G71 U2 R0.5 P11 Q23 X−0.6 Z0.1 F0.16	内径粗切循环加工

程　序	说　明
N11 G00 X41.4 F0.07 S900	精加工轮廓起始行，刀具定位到轮廓前端面，准备倒角。精加工转速为 900 r/min，进给速度为 0.07 mm/r
N13 G01 Z0	刀具直线插补到前端面上
N15 X37.402 Z−2	倒角
N17 Z−53	精加工内螺纹底径
N19 X36 Z−55	精加工斜面
N21 Z−60	精加工 ϕ36 的内孔
N23 G01 X35	精加工后让刀
N25 G00 Z80	快速退出工件内孔
N27 X80	快速回程序起点
N29 T0202	调用 2 号刀，调用 02 号刀具补偿
N31 S350	主轴转速为 350 r/min
N32 G00 X35 Z2	刀具到内螺纹复合切削循环起点
N32 G76 C2 R−1 E−1.5 A60 X40 Z−50 K1.299 U−0.1 V0.1 Q0.4 F2	G76 加工 M40×2 的内螺纹：精整 2 次、Z 方向退尾−1、X 方向退尾−1.5、牙型角 60°、牙型高 1.299、精加工余量−0.1、最小切深 0.1、最大切深 0.4、导程 2
N35 G00 Z80	轴向快速退刀到 Z80
N37 X80 M09	径向快速退刀回换刀点；冷却液关
N39 M05	主轴停
N41 M30	主程序结束并复位

第 3 步　通过仿真软件校验程序。

项目四

【教学重点】

· 数控系统操作面板的
  认识
· 零件程序的输入
· 零件程序的编辑方法
  和技巧
· 零件程序的校验

程序的输入、编辑与校验

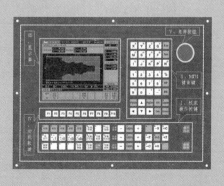

教学建议

序　号	任　务	建议学时	建议教学方式	备　注
1	任务 4-1	2	示范教学、辅导教学	
2	任务 4-2	2	示范教学、辅导教学	
3	任务 4-3-1	1	示范教学、辅导教学	
4	任务 4-3-2	1	示范教学、辅导教学	
5	任务 4-4-1	1	示范教学、辅导教学	
6	任务 4-4-2	1	示范教学、辅导教学	
总计		8		

教学准备

序　号	任　务	设备准备	刀具准备	材料准备
1	任务 4-1	数控车床 10 台		
2	任务 4-2	数控车床 10 台		
3	任务 4-3-1	数控车床 10 台		
4	任务 4-3-2	数控车床 10 台		
5	任务 4-4-1	数控车床 10 台		
6	任务 4-4-2	数控车床 10 台、计算机一台、RS-232 并口连接线一根		

注：以每 40 名学生为一教学班，每 3～5 名学生为一个任务小组。

教学评价

序　号	任　务	教学评价		
1	任务 4-1	好□	一般□	差□
2	任务 4-2	好□	一般□	差□
3	任务 4-3-1	好□	一般□	差□
4	任务 4-3-2	好□	一般□	差□
5	任务 4-4-1	好□	一般□	差□
6	任务 4-4-2	好□	一般□	差□

任务 4-1 数控系统操作面板的认识

任务 4-1 任务描述

请打开一台 CJK6132 数控车床，对照图 4-1 的区域指示，认识HNC-21T数控系统操作面板各区域的名称，并了解其功能。

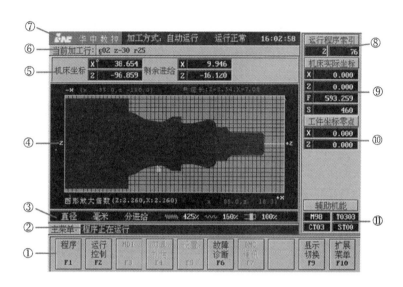

图 4-1 HNC-21T 数控系统操作面板

任务 4-1 工作过程

第 1 步 开机：① 合上机床电源空气开关；② 打开机床电柜电源开关，系统上电；③ 压下急停开关，并向右旋转后松开，机床复位。

第 2 步 认识数控系统操作面板。对照表 4-1 了解 HNC-21T 数控系统操作面板的组成。

表 4-1 HNC-21T 数控系统操作面板的组成

区域序号	区 域 名 称	功　　能
①	菜单命令条	可通过菜单命令条中的功能键 F1 ～ F10 来完成系统功能的操作
②	系统提示行	提示系统当前操作

续表

区域序号	区域名称	功能
③	系统当前状态信息	指示系统当前状态为直径/半径、公制/英制、分进给/转进给、快速修调倍率、进给修调倍率、主轴修调倍率
④	程序显示窗口	可根据需要，用功能键 F9 设置窗口的显示内容，可以显示程序、刀具轨迹、坐标等
⑤	机床坐标及剩余进给	机床坐标显示当前位置在机床坐标系下的坐标；剩余进给显示当前实际位置与程序的终点之差
⑥	当前程序加工行	当前正在或将要加工的程序段
⑦	系统当前任务栏	指示当前系统加工方式（根据机床控制面板上相应按键，可在自动运行/单段运行/手动运行/增量运行/回零/急停/复位等之间切换）；指示系统运行状态（在运行正常/出错之间切换）；指示系统时钟（当前系统时间）
⑧	运行程序索引	自动加工中的程序名和当前程序段行号
⑨	选定坐标系下的坐标值	坐标系可在机床坐标系/工件坐标系/相对坐标系之间切换，显示值可在指令位置/实际位置/剩余进给/跟踪误差/负载电流/补偿值之间切换
⑩	工件坐标系零点	工件坐标系零点在机床坐标系下的坐标
⑪	辅助机能	自动加工中的 M、S、T 代码

任务 4-1 思考与交流

1. 数控机床每次通电开机时，系统当前任务栏通常显示什么状态？
2. 数控机床关闭电源前，应该如何操作才能确保下次安全开机？

任务 4-1 相关知识

1. HNC-21T 数控系统操作面板认识及部分功能介绍

HNC-21T 数控系统操作面板如图 4-2 所示，各组成部分功能见表 4-2。

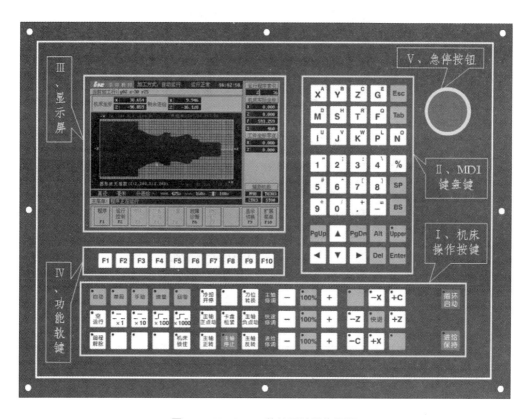

图 4-2 HNC-21T 数控系统操作面板

表 4-2 HNC-21T 数控系统操作面板的组成

区域编号	区域名称	功能
Ⅰ	机床控制按键	用于数控机床的手动控制
Ⅱ	MDI 键盘键	用于程序的手动输入及编辑
Ⅲ	显示屏	用于显示数控系统软件操作界面
Ⅳ	功能软键	用于数控系统软件菜单操作
Ⅴ	"急停"按钮	用于机床紧急停止及复位

2. MDI 键盘的认识及各键功能介绍

MDI 键盘如图 4-3 所示，各键功能见表 4-3。

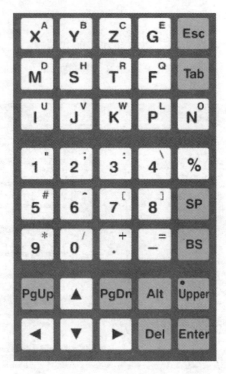

图 4-3   MDI 键盘

表 4-3   MDI 键盘各键功能

键　符	功　　能	键　符	功　　能
X	用于字母"X"和"A"的输入	8	用于数字"8"和符号"]"的输入
Y	用于字母"Y"和"B"的输入	9	用于数字"9"和符号"＊"的输入
Z	用于字母"Z"和"C"的输入	0	用于数字"0"和符号"/"的输入
G	用于字母"G"和"E"的输入	.	用于符号"."和"＋"的输入
M	用于字母"M"和"D"的输入	－	用于符号"－"和"＝"的输入
S	用于字母"S"和"H"的输入	%	用于符号"％"的输入
T	用于字母"T"和"R"的输入	Esc	退出当前窗口

续表

键 符	功 能	键 符	功 能
F^Q	用于字母"F"和"Q"的输入	Tab	选择切换键
I^U	用于字母"I"和"U"的输入	SP	空格键
J^V	用于字母"J"和"V"的输入	BS	回退键
K^W	用于字母"K"和"W"的输入	PgUp	向前翻页
P^L	用于字母"P"和"L"的输入	PgDn	向后翻页
N^O	用于字母"N"和"O"的输入	▲	光标上移键
1	用于数字"1"和符号"""的输入	▼	光标下移键
2	用于数字"2"和符号";"的输入	◄	光标左移键
3	用于数字"3"和符号":"的输入	►	光标右移键
4	用于数字"4"和符号"\"的输入	Alt	Alt 功能键
5	用于数字"5"和符号"♯"的输入	Upper	上档键
6	用于数字"6"和符号"^"的输入	Del	删除键
7	用于数字"7"和符号"["的输入	Enter	确认键(回车键)

3. 机床控制面板的认识及其功能键介绍

机床控制面板如图 4-4 所示,各功能键功能见表 4-4。

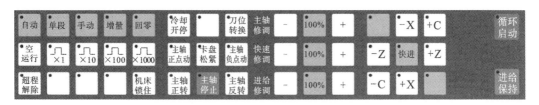

图 4-4 机床控制面板

表 4-4　机床控制面板中各功能键功能

功能键符	功 能
自动	"自动"工作方式下：自动连续加工工件；模拟加工工件；在 MDI 模式下运行指令
单段	"单段"工作方式下
手动	"手动"工作方式下
增量	"增量"工作方式下
回零	"回参考点"工作方式下
空运行	系统空运行。在"自动"工作方式下，按下该键，机床以最大快移速度运行，使用时注意坐标系间的相互关系，避免发生碰撞
×1	增量方式下的 1 倍进给
×10	增量方式下的 10 倍进给
×100	增量方式下的 100 倍进给
×1000	增量方式下的 1 000 倍进给
超程解除	超程解除方式
机床锁住	机床锁住运行
冷却开停	冷却液开停切换
刀位转换	刀位转换
主轴正点动 主轴负点动	主轴点动
卡盘松紧	卡盘松紧切换

续表

功能键符	功　　能
主轴正转	主轴正方向旋转
主轴停止	主轴停止转动
主轴反转	主轴反方向旋转
-	倍率以 20％递减
100％	倍率恢复到 100％
+	倍率以 20％递增
-X	负 X 方向移动
+C	正 C 方向旋转
-Z	负 Z 方向移动
快进	快速移动
+Z	正 Z 方向移动
-C	负 C 方向旋转
+X	正 X 方向移动
循环启动	自动加工开始
进给保持	自动加工时进给暂停

4．HNC-21T 数控系统的功能菜单

HNC-21T 数控系统的功能菜单结构如图 4-5 所示。

在主菜单下按相应功能键，系统装置会显示该功能下的一级子菜单。用户根据需要在一级子菜单下按相应功能键，系统装置会显示该一级子菜单下的二级子菜单。如图 4-5 所示，在主菜单下按下 F5 ，然后再按下 F1 ，系统装置就显示坐标系设定的二级子菜单。

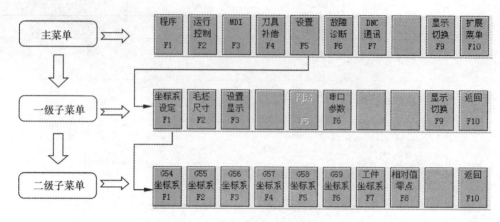

图 4-5　HNC-21T 数控系统菜单结构

当要返回主菜单时，在一级子菜单下按一次 F10 即可；如果当前为二级子菜单，则连续按两次 F10 即可返回主菜单。

HNC-21T 数控系统主菜单内容见表 4-5。

表 4-5　HNC-21T 数控系统主菜单

菜 单 名 称		操 作 方 法	菜 单 内 容									
主菜单		开机直接显示或 按功能键 F10 返回到菜单顶层	程序 F1	运行 控制 F2	MDI F3	刀具 补偿 F4	设置 F5	故障 诊断 F6	DNC 通讯 F7		显示 切换 F9	扩展 菜单 F10
一级子菜单	程序 子菜单	在主菜单下 按功能键 F1	选择 程序 F1	编辑 程序 F2	新建 程序 F3	保存 程序 F4	程序 校验 F5	停止 运行 F6	重新 运行 F7		显示 切换 F9	主菜 单 F10
	运行控制 子菜单	在主菜单下 按功能键 F2	指定行 运行 F1				保存 断点 F5	恢复 断点 F6			显示 切换 F9	返回 F10
	MDI 子菜单	在主菜单下 按功能键 F3	MDI 停止 F1	MDI 清除 F2		回程序 起点 F4			返回 断点 F7	重新 对刀 F8		返回 F10
	刀具补偿 子菜单	在主菜单下 按功能键 F4	刀偏 表 F1	刀补 表 F2							显示 切换 F9	返回 F10
	设置 子菜单	在主菜单下 按功能键 F5	坐标系 设定 F1	毛坯 尺寸 F2	设置 显示 F3		网络 F5	串口 参数 F6			显示 切换 F9	返回 F10
	扩展菜单 子菜单	在主菜单下 按功能键 F10	PLC F1	梯图 编程 F2	参数 F3	版本 信息 F4		注册 F6	帮助 信息 F7	后台 编程 F8	显示 切换 F9	主菜 单 F10

续表

菜单名称		操作方法	菜单内容
二级子菜单	坐标系设定子菜单	在主菜单下按功能键 F5 → F2	G54坐标系 F1 / G55坐标系 F2 / G56坐标系 F3 / G57坐标系 F4 / G58坐标系 F5 / G59坐标系 F6 / 工件坐标系 F7 / 相对值零点 F8 / 返回 F10
	PLC子菜单	在主菜单下按功能键 F10 → F1	装入PLC F1 / 编辑PLC F2 / 输入输出 F3 / 状态显示 F4 / 备份PLC F7 / 显示切换 F9 / 返回 F10
	参数子菜单	在主菜单下按功能键 F10 → F3	参数索引 F1 / 修改口令 F2 / 输入口令 F3 / 置出厂值 F5 / 恢复前值 F6 / 备份参数 F7 / 装入参数 F8 / 返回 F10

任务 4-2 零件程序的输入

◎ 任务 4-2 任务描述

新建一个文件名为 ONEW1 的程序，完成表 4-6 中程序的输入并保存。

表 4-6 文件名为 ONEW1 的程序

文件名	ONEW1
第 0 行	%1234
第 1 行	N01 T0101
第 2 行	N03 M03 S700
第 3 行	N05 G00 X80 Z30
第 4 行	N07 X40 Z2
第 5 行	N09 G01 Z−20 F100
第 6 行	N11 G00 X80
第 7 行	N13 Z30
第 8 行	N15 M30

任务 4-2 工作过程

工作过程见表 4-7。

表 4-7 任务 4-2 的工作过程

步骤	工作内容	工作过程
1	开机	同【项目一】
2	建立一个新文件	在主菜单状态下，按下功能软键 F1 → F2 ，系统切换到如图 4-6 所示的"输入新文件名"界面

续表

步骤	工 作 内 容	工 作 过 程
3	输入新文件名	在 MDI 键盘中按下 Upper → Nᴼ → Upper → Nᴼ → Upper → Gᴱ → Kᵂ → SP → 1" → Enter，完成"ONEW1"文件名的输入
4	输入程序第 0 行	在 MDI 键盘中按下 % → 1 → 2 → 3ⁱ → 4 → Enter，完成"%1234"的输入
5	输入程序第 1 行	在 MDI 键盘中按下 Nᴼ → 0 → 1 → Tᴿ → 0 → 1 → 0 → 1" → Enter，完成"N01 T0101"的输入
6	输入程序第 2 行	在 MDI 键盘中按下 Nᴼ → 0 → 3ⁱ → Mᴰ → 0 → 3ⁱ → SP → 1" → Sᴴ → 7 → 0 → 0 → Enter，完成"N03 M03 S700"的输入
7	输入程序第 3 行	在 MDI 键盘中按下 Nᴼ → 0 → 5 → Gᴱ → 0 → 0 → SP → Xᴬ → 8 → 0 → SP → Zᶜ → 3ⁱ → 0 → Enter，完成"N05 G00 X80 Z30"的输入
8	输入程序第 4 行	在 MDI 键盘中按下 Nᴼ → 0 → 7 → Xᴬ → 4 → 0 → SP → Zᶜ → 2ⁱ → Enter，完成"N07 X40 Z2"的输入
9	输入程序第 5 行	在 MDI 键盘中按下 Nᴼ → 0 → 9* → Gᴱ → 0 → 1 → SP → Zᶜ → − → 2ⁱ → 0 → SP → Fᑫ → 1 → 0 → 0 → Enter，完成"N09 G01 Z−20 F100"的输入
10	输入程序第 6 行	在 MDI 键盘中按下 Nᴼ → 1 → 1 → Gᴱ → 0 → 0 → SP → Xᴬ → 8 → 0 → Enter，完成"N11 G00 X80"的输入
11	输入程序第 7 行	在 MDI 键盘中按下 Nᴼ → 1 → 3" → Zᶜ → 3ⁱ → 0 → Enter，完成"N13 Z30"的输入
12	输入程序第 8 行	在 MDI 键盘中按下 Nᴼ → 1 → 5# → Mᴰ → 3ⁱ → 0 → Enter，完成"N15 M30"的输入
13	保存程序	按下功能键 F4 → Enter，保存好的程序如图 4-7 所示，任务结束

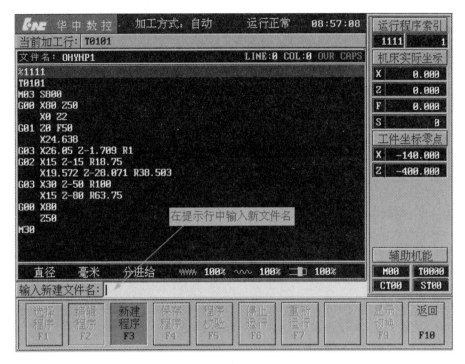

图 4-6 输入新文件名的系统界面

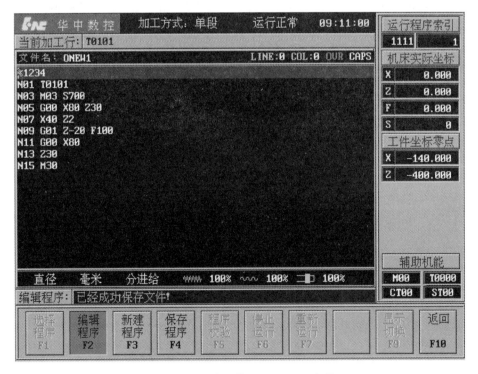

图 4-7 已保存好的 "ONEW1" 文件

任务 4-2　思考与交流

1. 在 MDI 键盘中，字母"A、B、C、D、E、H、R、Q、U、V、W、L、O"的输入有何特点？

2. 在 MDI 键盘中，符号""、;、:、\、#、、、[、]、＊、/、＋、＝"的输入有何特点？

3. 请问首先输入的"％1234"，其系统提示行号是"LINE：1"吗？

4. 如果新建的程序文件名和系统中已保存的文件名相同，会出现什么情况？

任务 4-3　零件程序的编辑

任务 4-3-1　任务描述

打开已保存的 ONEW1 文件，按表 4-8 中的内容对第 4、5 行进行编辑，编辑完毕后将文件另存为 ONEW2。

表 4-8　文件名为 ONEW2 的程序

文件名	ONEW1	文件名	ONEW2
第 0 行	％1234	第 0 行	％1234
第 1 行	N01 T0101	第 1 行	N01 T0101
第 2 行	N03 M03 S700	第 2 行	N03 M03 S700
第 3 行	N05 G00 X80 Z30	第 3 行	N05 G00 X80 Z30
第 4 行	N07 X40 Z2	第 4 行	N07 X0 Z0
第 5 行	N09 G01 Z－20 F100	第 5 行	N09 G03 X40 Z－20 R20 F100
第 6 行	N11 G00 X80	第 6 行	N11 G00 X80
第 7 行	N13 Z30	第 7 行	N13 Z30
第 8 行	N15 M30	第 8 行	N15 M30

任务 4-3-1　工作过程

工作过程见表 4-9。

表 4-9　任务 4-3-1 的工作过程

步骤	工作内容	工作过程
1	开机	同【项目一】
2	打开 ONEW1 文件	在主菜单状态下，按下功能软键 [F1] → [F1]，系统进入程序选择界面，用 MDI 键盘中的 [▲] 或 [▼] 键上下移动选择行，选择文件名为"ONEW1"的文件行，如图 4-8 所示，按 [Enter]，打开 ONEW1 文件
3	将光标移至第 4 行	在 MDI 键盘中连续按下 [▼]，直至光标停在第 4 行的行首
4	清除"X40 Z2"	在 MDI 键盘中连续按下 [▶]，直至光标停在第 4 行的末尾，连续按下 [BS] 直至清除"X40 Z2"为止
5	输入"X0 Z0"	在 MDI 键盘中按下 [X] → [0] → [SP] → [Z] → [0]，完成"X0 Z0"的输入
6	将光标移至第 5 行的"Z−20"后面	在 MDI 键盘中按下 [▼]、[▶] 或 [◀]，将光标停在第五行的"Z−20"后面
7	清除"G01 Z−20"	在 MDI 键盘中连续按下 [BS] 直至清除"G01 Z−20"为止
8	输入"G03 X40 Z−20 R20 F100"	在 MDI 键盘中按下 [G] → [0] → [3] → [SP] → [Z] → [−] → [2] → [0] → [SP] → [Upper] → [T] → [Upper] → [2] → [0] → [SP] → [F] → [1] → [0] → [0]，完成"G03 X40 Z−20 R20 F100"的输入
9	另存为文件 ONEW2	按下功能软键 [F4] → 输入 ONEW2，如图 4-9 所示，按 [Enter]，结束任务

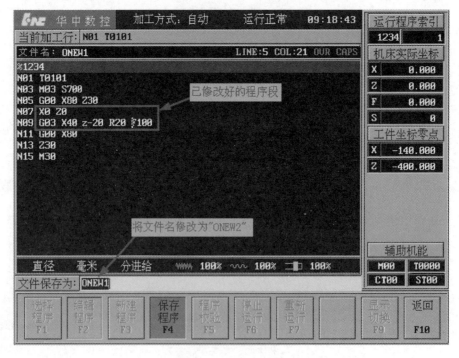

图 4-8　程序选择界面

图 4-9　另存为文件界面

任务 4-3-1 思考与交流

1. MDI 键盘中的 Del 键和 SP 键在使用时有何区别？

2. 如果要保存的文件与系统中原有的文件同名，将会有什么结果？

任务 4-3-2 任务描述

用系统编辑功能快捷键快速输入表 4-10 中的参考程序。

表 4-10 文件名为 ONEW3 的参考程序

文 件 名	ONEW3	
第 0 行	%1234	
第 1 行	T0101	
第 2 行	M03 S700	
第 3 行	G00 X80 Z30	
第 4 行	G00 X26 Z2	
第 5 行	G00 X19.1	
第 6 行	G32 Z−20 R−2 E2 F2	
第 7 行	G00 X26	将此4行定义成块
第 8 行	Z2	
第 9 行	X18.5	
第 10 行	G32 Z−20 R−2 E2 F2	
第 11 行	G00 X26	
第 12 行	Z2	
第 13 行	X17.9	
第 14 行	G32 Z−20 R−2 E2 F2	
第 15 行	G00 X26	
第 16 行	Z2	
第 17 行	X17.5	
第 18 行	G32 Z−20 R−2 E2 F2	
第 19 行	G00 X26	
第 20 行	Z2	
第 21 行	X17.4	
第 22 行	G32 Z−20 R−2 E2 F2	
第 23 行	G00 X80	
第 24 行	Z30	
第 25 行	M30	

任务 4-3-2　工作过程

工作过程见表 4-11。

表 4-11　任务 4-3-2 的工作过程

步骤	工 作 内 容	工 作 过 程
1	开机	同【项目一】
2	打开 ONEW2 文件	在主菜单状态下，按下功能软键 F1 → F1 ，系统进入程序选择界面，用 MDI 键盘中的 ▲ 或 ▼ 上下移动选择行，选择名为 "ONEW2" 的文件行，按下 Enter ，打开 ONEW2 文件
3	删除文件 ONEW2 的第 4 行和第 5 行	在 MDI 键盘中连续按下 ▼ ，直至光标停在第 4 行的行首，按下 Alt + F8 ，即可快速删除第 4 行；用同样的方法删除第 5 行
4	文件另存为 ONEW3	按下功能软键 F4 →输入 ONEW3→ Enter
5	输入 ONEW3 文件的第 4 行至第 9 行	将光标移至第 3 行的行尾，按 Enter ，插入一个空白行，然后顺序输入以下程序段： G00 X26 Z2 G00 X19.1 G32 Z−20 R−2 E2 F2 G00 X26 Z2 X18.5
6	将第 6 行至第 9 行定义为块	将光标移动到第 6 行的行首，即 "G32 Z−20 R−2 E2 F2" 程序段的最前面，按下 Upper → Alt + Y^B ，再将光标移动到第 9 行的行尾，按下 Alt + G^E ，完成块的定义，如图 4-10 所示
7	拷贝块	按下 Alt + J^V ，完成块的复制（此时看不到任何显示变化）
8	连续复制 4 个块	按下 Enter ，插入空白行，连续 4 次按下 Alt + Z^C ，完成 4 个块的输入
9	按要求修改文件中第 13、17、21 行中的 X 值	按下 Upper ，取消上档输入。根据 ONEW3 文件的第 13、17、21 行中的 X 值，修改数值的输入

续表

步骤	工作内容	工作过程
10	删除多余的行	将光标移至多余行，用 Alt + F8 键删除多余行，检查程序
11	保存文件	按下功能软键 F4 → Enter，结束任务

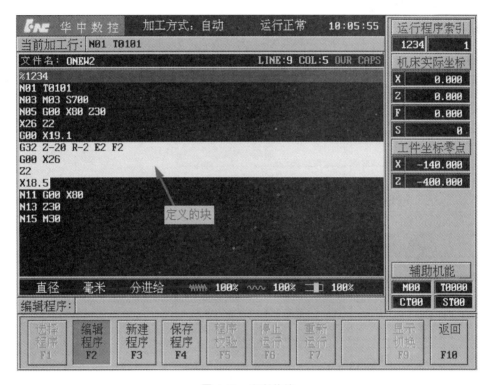

图 4-10　定义的块

 任务 4-3-2　思考与交流

1. 程序中的程序段顺序号有什么作用？

2. 同一程序中可以有相同的程序段顺序号吗？例如，有两个程序段都标记为"N10"，可以吗？

3. 程序段顺序号的大小是否决定程序段的执行顺序？

4. 将带有 101 接口的计算机键盘接入数控机床对应接口上，请问计算机键盘和机床 MDI 键盘的程序输入有什么不同？

任务 4-3-2　相关知识

1. 查看系统快捷键的方法

在主菜单下，按功能软键 F10 ，进入扩展菜单，再按功能软键 F7 ，进入系统帮助界面。

2. 系统快捷键的定义

系统快捷键的定义见表 4-12。

表 4-12　HNC-21T 数控系统快捷键

序　号	快　捷　键	功　能	类　别
1	Alt＋B	定义块首	编辑功能快捷键
2	Alt＋E	定义块尾	
3	Alt＋D	删除	
4	Alt＋X	剪切	
5	Alt＋C	拷贝	
6	Alt＋V	复制	
7	Alt＋F	查找	
8	Alt＋R	替换	
9	Alt＋L	继续查找	
10	Alt＋H	光标移到文件首	
11	Alt＋T	光标移到文件尾	
12	Alt＋F8	行删除	
13	Alt＋K	查看上一条提示信息	提示信息查看快捷键
14	Alt＋N	查看下一条提示信息	
15	Alt＋C	将程序转为加工代码	帮助信息查看快捷键
16	PageUp	查看上一面帮助信息	
17	PageDown	查看下一面帮助信息	

任务 4-4　零件程序的校验

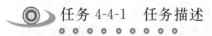

任务 4-4-1　任务描述

完成如图 4-11 所示的工艺花瓶的精加工程序的输入并校验该程序，程序清单见表 4-13。

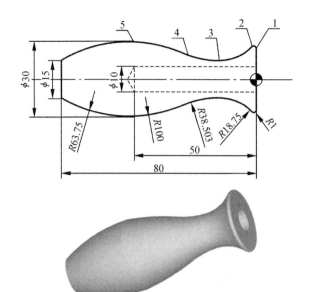

基点	Z 坐标	半径
1	0.000	12.319
2	−1.709	13.025
3	−15.000	7.500
4	−28.071	9.786
5	−50.000	15.000

图 4-11 工艺花瓶的零件图及实体图

表 4-13 工艺花瓶的精加工程序

文件名	OGYHP1	注　　释
第 0 行	％1111	程序头
第 1 行	T0101	调用 01 号刀具、01 号刀具补偿
第 2 行	M03 S800	主轴以 800 r/min 的速度正转
第 3 行	G00 X80 Z50	快速定位到换刀点
第 4 行	X0 Z2	快速定位到精加工起点
第 5 行	G01 Z0 F50	以 50 mm/min 的进给速度接近工件右端面中心
第 6 行	X24.638	端面车削到点 1
第 7 行	G03 X26.05 Z−1.709 R1	逆圆弧插补到点 2
第 8 行	G02 X15 Z−15 R18.75	顺圆插补到点 3
第 9 行	X19.572 Z−28.071 R38.503	顺圆插补到点 4
第 10 行	G03 X30 Z−50 R100	逆圆弧插补到点 5
第 11 行	X15 Z−80 R63.75	逆圆弧插补到精加工终点
第 12 行	G00 X80	X 方向快速退刀
第 13 行	Z50	Z 方向快速退刀回到换刀点
第 14 行	M30	程序结束并返回到程序头

任务 4-4-1   工作过程

工作过程见表 4-14。

表 4-14   表 4-13 的工作过程

步骤	工作内容	工作过程
1	开机	操作方法同任务 4-1
2	输入表 4-13 所示的程序，并保存	输入过程略，程序输入完毕的界面如图 4-12 所示
3	模拟对刀	① 手动将刀架移动到机床导轨的中部适当的位置； ② 按下功能软键 F10，将系统软件切换到主菜单界面； ③ 按下功能软键 F4 → F1，打开如图 4-13 所示的"绝对刀偏表"编辑界面； ④ 用光标移动键选中♯0001 号刀具对应的 X 偏置，按两次 Enter 键结束，用同样的方法设置 Z 偏置项
4	程序校验	① 按下功能软键 F10 返回主菜单； ② 按下功能软键 F1 进入程序子菜单，按下功能软键 F5 准备校验程序，按操作面板上的 循环启动 键，程序校验开始，屏幕动态显示加工的刀具轨迹，图 4-14 所示为工艺花瓶程序的校验结果

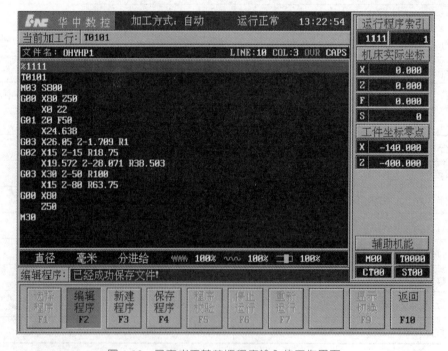

图 4-12   已完成工艺花瓶程序输入的工作界面

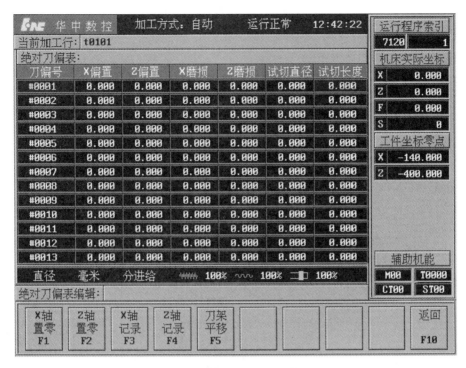

图 4-13 "绝对刀偏表"编辑界面

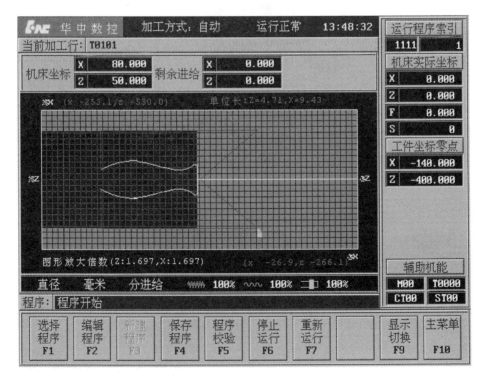

图 4-14 工艺花瓶程序的校验结果

任务 4-4-1　思考与交流

1. 请注意观察程序校验时系统界面中哪些区域在变化？
2. 为了保证安全，建议程序校验时将机床锁住。

任务 4-4-2　任务描述

用 DNC 方式传输图 4-15 所示糖葫芦零件的加工程序，程序清单见表 4-15，并校验程序。

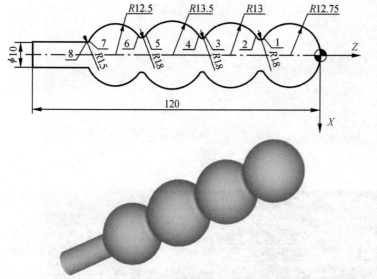

基点	直径	Z 坐标
1	ϕ14 487	-23.242
2	ϕ14 522	-26.217
3	ϕ15.356	-47.490
4	ϕ15.426	-50 420
5	ϕ15.274	-72 632
6	ϕ15.131	-75.550
7	ϕ12.213	-96.571
8	ϕ10	-97.900

图 4-15　糖葫芦的零件图及实体图

表 4-15　糖葫芦程序清单

程　　序	说　　明
％1111	程序头
N01 G90 G94 G97	设定绝对值编程、分进给方式，取消恒线速
N05 T0101	调用 01 号外圆粗车刀、01 号刀具补偿
N10 M03 S1000	主轴以 1 000 r/min 的速度正转
N15 G00 X100 Z50	快速定位到换刀点
N20 X32 Z2 M07	冷却液开，快速定位到循环起点
N25 G71 U1 R1 P45 Q95 E0.4 F100	粗加工复合循环
N30 G00 X100 Z50	快速退刀到换刀点
N35 T0202	调用 02 号外圆精车刀，调用 02 号刀具补偿
N40 G42 G00 X32 Z2	调用刀尖圆弧半径补偿

程　　序	说　　明
N45 G01 X0 Z2 S1200 F50	精加工起点
N50 Z0	直线进给到右端面中心点
N55 G03 X14.487 Z−23.242 R12.75	圆弧插补到第 1 点
N60 G02 X14.522 Z−26.217 R1.8	圆弧插补到第 2 点
N65 G03 X15.356 Z−47.490 R13	圆弧插补到第 3 点
N70 G02 X15.426 Z−50.420 R1.8	圆弧插补到第 4 点
N75 G03 X15.274 Z−72.632 R13.5	圆弧插补到第 5 点
N80 G02 X15.131 Z−75.550 R1.8	圆弧插补到第 6 点
N85 G03 X12.213 Z−96.571 R12.5	圆弧插补到第 7 点
N90 G02 X10 Z−97.9 R1.5	圆弧插补到第 8 点
N95 G01 Z−120	直线进给到精加工终点
N100 G00 X100	X 方向退刀
N105 Z50	Z 方向退刀到换刀点
N110 M30	程序结束并返回程序头

任务 4-4-2　工作过程

第 1 步　用记事本输入糖葫芦零件程序，并以"OTHL"文件名保存在指定的路径下，如图 4-16 所示。

图 4-16　用记事本输入的程序

第 2 步　用通讯线将计算机和数控机床连接起来。

第 3 步　开启数控机床，设置串口参数。如图 4-17 所示，端口号为 1，波特率为 9 600。

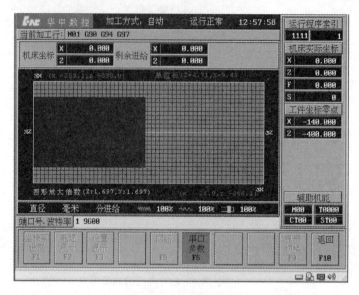

图 4-17　串口参数设置界面

第 4 步　打开安装在计算机上的华中数控串口通讯软件，进入软件操作界面，如图 4-18 所示。

图 4-18　华中数控串口通讯软件的操作界面

第 5 步　单击操作界面上的 参数设置 按钮，弹出"串口参数设置"对话框，按机床串口参数进行设置，如图 4-19 所示。

图 4-19　"串口参数设置"对话框

第 6 步　单击操作界面上的 打开串口 按钮，打开通讯串口，此时操作界面的状态栏显示为："端口：COM1 打开，波特率：9 600"，如图 4-20 所示。

图 4-20　串口打开状态时的软件界面

第 7 步　单击操作界面上的 发送G代码 按钮，弹出"打开"文件对话框，在指定的路径下找到 OTHL.txt 文件，如图 4-21 所示，单击 打开(0) 按钮，程序开始传输，此时机床显示界面如图 4-22 所示。

图 4-21　串口打开状态时的软件界面

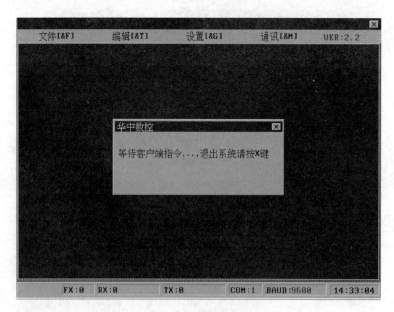

图 4-22　机床正在接收文件时的显示界面

第 8 步　程序传输完毕后，在数控机床上按 X^A 键退出文件接收界面。在数控系统主菜单状态下，按下功能软键 F1，系统进入程序选择界面，选择已传输到内存中名为"OTHL"的文件，按 Enter → F2，进入编辑状态，系统显示如图 4-23 所示程序。浏览程序。

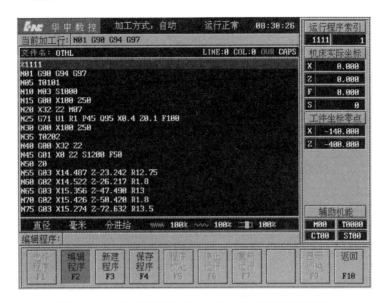

图 4-23　已传输到数控机床内存中的"OTHL"程序

第 9 步　按 F10 键返回到程序子菜单，按 F5 键进入校验程序状态，按操作面板上的 循环启动 键，程序开始校验，检验结果如图 4-24 所示。

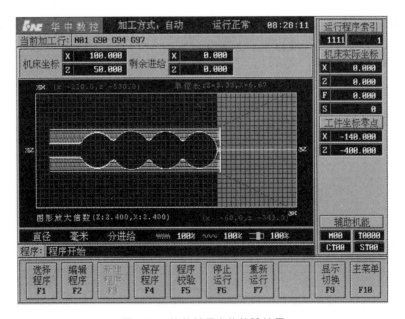

图 4-24　糖葫芦程序的校验结果

任务 4-4-2　思考与交流

1. 如何将数控机床内存中的文件导出到计算机的硬盘中？
2. 你使用的数控机床上有哪些接口可以与外接的存储器相连？

项目五

【教学重点】
· 零件的加工及加工注
  意事项
· 零件的检测

零件的加工与检测

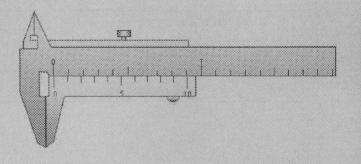

教学建议

序 号	任 务	建议学时	建议教学方式	备 注
1	任务 5-1-1	2	示范教学、辅导教学	
2	任务 5-1-2	2	示范教学、辅导教学	
3	任务 5-1-3	2	示范教学、辅导教学	
4	任务 5-1-4	2	示范教学、辅导教学	
5	任务 5-2	2	示范教学、辅导教学	
总计		10		

教学准备

序号	任 务	设备准备	刀具准备	材料准备
1	任务 5-1-1	数控车床 10 台	外圆车刀、切刀、φ18 麻花钻、内孔车刀各 10 把	φ40×65 棒料 10 根
2	任务 5-1-2	数控车床 10 台	外圆粗车刀、外圆粗车刀、切刀、外螺纹刀各 10 把	φ45×90 棒料 10 根
3	任务 5-1-3	数控车床 10 台	外圆车刀、φ18 麻花钻、内孔车刀、内螺纹刀各 10 把	φ50×41 棒料 10 根
4	任务 5-1-4	数控车床 10 台	外圆车刀、切槽刀、φ18 麻花钻、内孔车刀、外螺纹刀各 10 把	φ55×146 棒料 10 根
5	任务 5-2		千分尺、游标卡尺 10 把，磁力表座、钢尺、R 规、百分表、螺纹千分尺各 10 套	

注：以每 40 名学生为一教学班，每 3~5 名学生为一个任务小组。

教学评价

序 号	任 务	教 学 评 价		
1	任务 5-1-1	好□	一般□	差□
2	任务 5-1-2	好□	一般□	差□
3	任务 5-1-3	好□	一般□	差□
4	任务 5-1-4	好□	一般□	差□
5	任务 5-2	好□	一般□	差□

任务 5-1 零件的加工

任务 5-1-1 任务描述

完成如图 5-1 所示轴套零件的加工。材料为 45 钢，毛坯尺寸为 $\phi40 \times 65$ mm。

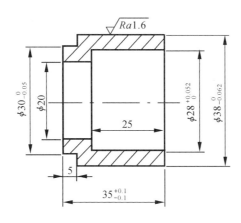

图 5-1 轴套零件图

任务 5-1-1 工作过程

第 1 步 分析零件图 5-1，确定加工工艺。如图 5-1 所示，根据零件的工艺特点和毛坯尺寸 $\phi40 \times 65$ mm，确定加工方案。

(1) 采用三爪自定心卡盘装夹工件，零件伸出卡盘 48 mm，平端面，用 $\phi18$ 麻花钻手动钻孔，孔深 40 mm。

(2) 用外圆刀粗、精加工 $\phi38$ 外圆至尺寸要求，长度 40 mm。

(3) 用内孔车刀粗、精镗两内孔至尺寸要求。

(4) 用切刀加工 $\phi30$ 的外圆至尺寸要求，再切断工件，留 0.5 mm 余量。

(5) 零件掉头，夹 $\phi38$ 的外圆，手动平端面，保总长。或加装定位块，编程序平端面（批量生产时用）。

第 2 步 刀具卡见表 5-1。

表 5-1　加工轴套零件刀具卡

产品名称或代号		任务 5-1-1		零件名称	轴套	零件图号		
序号	刀具号	刀具名称	数量	加工表面	刀尖半径 R/mm	刀尖方位 T	备注	
1	T01	90°硬质合金偏刀	1	粗、精车外轮廓	0.4	3		
2		ϕ18 麻花钻	1	钻孔	安装于尾座	—		
3	T02	内孔硬质合金车刀	1	粗、精车内孔	0.4	2		
4	T03	硬质合金切刀	1	切断	刀宽 3 mm	—		
编制		审核		批准		日期	共 1 页	第 1 页

第 3 步　工序卡见表 5-2。

表 5-2　加工轴套零件工序卡

单位名称			产品名称或代号		零件名称		零件图号	
					轴套			
工序号		程序编号	夹具名称		使用设备		车间	
			三爪自定心卡盘、顶尖		CK6140 数控车床		数控车间	
工步号		工步内容	刀具号	刀具规格 R/mm	主轴转速 n/(r/min)	进给量 f/(mm/r)	背吃刀量 a_{p}/mm	备注
1		平端面	T01	0.4	700	0.05	0.5	
2		钻孔	麻花钻	—	350	—	ϕ18	
3		粗车外圆	T01	0.4	700	0.18	1	
4		精车外圆			1 000	0.08	0.3	
5		粗车内孔	T02	0.4	600	0.12	0.8	
6		精车内孔			800	0.1	0.2	
7		切槽、切断	T03	—	300	0.08	刀宽 3	
8		调头，加工端面	T01	0.4	700	0.05	0.5	
编制		审核		批准		日期	共 1 页	第 1 页

第 4 步　注意事项。

（1）使用 ϕ18 麻花钻手动钻孔前，最好先钻出中心孔。

（2）粗车结束后，可以使用 M00 指令暂停机床，然后测量尺寸，做好刀补，以保障最后的成形尺寸。

第 5 步　参考程序见表 5-3。

表 5-3　加工轴套零件参考程序

程序 05101	说　　明
%5101	程序号
N010 G40 G97 G95	取消刀补，取消恒线速，设定转进给
N020 M03 S700	主轴以 700 r/min 的速度正转
N030 M07	打开冷却液
N040 T0101	调用 01 外圆车刀
N060 G00 X40 Z2	快速定位到循环起点
N070 G71 U1 R1 P080 Q090 X0.6 Z0.1 F0.18	外径粗切循环
N080 G01 X38 S1000 F0.08	外轮廓精加工
N090 Z−40	
N100 G00 X100	径向快速退刀
N110 Z100	轴向快速退刀回换刀点
N120 T0202	换 02 号内孔车刀
N130 S600	主轴以 600 r/min 的速度正转
N140 G00 X18 Z2	快速定位到内孔粗车循环起点
N150 G71 U0.8 R1 P160 Q200 X−0.4 Z0.1 F0.12	内径粗切循环
N160 G01 X28 S800 F0.1	内孔精加工
N170 Z−25	
N180 X20	
N190 Z−38	
N200 G01 X17	
N210 G00 Z100	轴向快速退刀
N220 X100	径向快速退刀回换刀点
N230 T0303	换 03 号切刀
N240 S300	主轴以 300 r/min 的速度正转
N250 G00 Z−33	轴向快速定位到第一次切槽处
N260 X40	径向快速接近切槽处
N270 G01 X30 F0.08	切槽，加工 φ30 的外圆长 3 mm
N280 G00 X40	切刀快速退出工件表面
N290 Z−35.5	轴向快速定位到第二次切槽处
N300 G01 X30 F0.08	切槽，加工 φ30 的外圆长 5.5 mm
N310 G00 X40	切刀快速退出工件表面
N320 Z−38.5	轴向快速定位到切断处，切断余量 0.5 mm
N330 G01 X−0.5	切断工件
N340 G00 X100	轴向快速退刀
N350 Z100	径向快速退刀回换刀点
N360 M05 M09	主轴停；冷却液关
N370 M30	程序结束

◎ 任务 5-1-2　任务描述

完成如图 5-2 所示螺纹轴的加工。材料为 45 钢，毛坯尺寸为 $\phi45\times90$ mm。

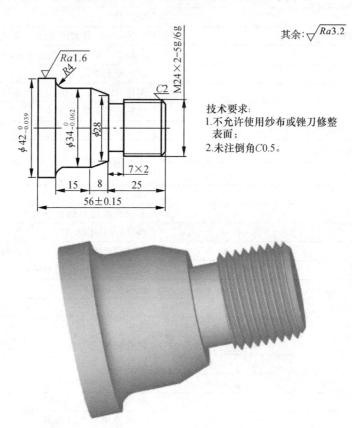

图 5-2　螺纹轴零件图及实体图

其余：$\sqrt{Ra3.2}$

技术要求：
1. 不允许使用纱布或锉刀修整表面；
2. 未注倒角C0.5。

任务 5-1-2　工作过程

第 1 步　分析零件图 5-2，确定加工工艺。如图 5-2 所示，根据零件的工艺特点和毛坯尺寸 $\phi45\times90$ mm，确定加工方案。

（1）采用三爪自定心卡盘装夹工件，零件伸出卡盘 65 mm，手动平端面，粗、精加工零件右部分外轮廓。

（2）切螺纹退刀槽。

（3）切螺纹至尺寸要求。

（4）切断，留 0.5 mm 余量。

（5）零件掉头，夹 $\phi34$ 外圆（垫铜皮），手动平端面，保总长。或加装定位块，编程序平端面（批量生产时用）。

第 2 步 刀具卡见表 5-4。

表 5-4 加工螺纹轴零件刀具卡

产品名称或代号	任务 5-1-2	零件名称	螺纹轴	零件图号			
序号	刀具号	刀具名称	数量	加工表面	刀尖半径 R/mm	刀尖方位 T	备注
1	T01	外圆车刀	1	粗车外圆	0.4	3	
2	T02	外圆车刀	1	精车外圆	0.2	3	
3	T03	螺纹车刀	1	加工螺纹	—	—	
4	T04	切断刀	1	切断	刃宽 4 mm	—	
编制		审核		批准		日期	共 1 页 第 1 页

第 3 步 工序卡见表 5-5。

表 5-5 加工螺纹轴零件工序卡

单位名称		产品名称或代号		零件名称		零件图号	
				轴套			
工序号	程序编号	夹具名称		使用设备		车间	
		三爪自定心卡盘、顶尖		CK6140 数控车床		数控车间	
工步号	工步内容	刀具号	刀具规格 R/mm	主轴转速 n/(r/min)	进给量 f/(mm/r)	背吃刀量 a_p/mm	备注
2	粗车外圆	T01	0.8	600	0.2	1.5	
3	精车外圆	T02	0.2	1 000	0.1	0.4	
4	切槽	T04	—	350	0.1	—	
5	加工螺纹	T03	—	450	—	—	
6	切断	T04	—	350	0.1	—	
7	调头，加工端面	T01	0.4	700	0.05	0.5	
编制		审核		批准		日期	共 1 页 第 1 页

第 4 步 注意事项：① 加工螺纹时，一定要根据螺纹的牙型角、导程合理选用刀具；② 安装螺纹车刀时，必须使用对刀样板。

第 5 步 参考程序见表 5-6。

表 5-6　加工螺纹轴零件参考程序

程序 05003	说　明
%5102	程序号
N010 G40 G97 G95	取消刀补，取消恒线速，设定每转进给
N020 M03 S600	主轴正转
N030 T0101	调用 01 号端面车刀
N040 G00 X80 Z100	快速定位到换刀点
N060 X48 Z0 M07	快速定位到端面加工起点；冷却液开
N070 G01 X−0.5 F0.1	平端面
N080 Z5	刀具离开端面
N090 M09	冷却液关
N120 G00 X80 Z100	快速定位到换刀点
N130 T0101	换外圆粗车刀 T02
N140 M07	冷却液开
N150 G00 X46 Z3	快速定位到循环起点
N160 G71 U1.5 R1 P210 Q310 X0.4 Z0.1 F0.2	外径粗切循环加工
N170 G00 X80 Z100	快速退刀回换刀点
N180 M09	冷却液关
N190 T0202	换外圆精车刀 T02
N200 S1000	精加工主轴转速 1 000 r/min
N210 G00 G42 X0	
N220 Z0	
N230 G01 X19.8 F0.1	
N240 X23.85 Z−2	
N250 Z−25	外轮廓精加工，用刀具半径右补偿指令 G42
N260 X28	
N270 X34 Z−33	
N280 Z−44	
N290 G02 X42 Z−48 R4	
N300 G01 Z−60	
N310 X45	X 向快速退刀，并取消刀补
N320 G00 X80 G40	
N330 Z100	Z 向快速退刀回换刀点
N340 M09	冷却液关
N350 T0404	换 04 号切刀

续表

程序 05003	说　明
％5102	程序号
N360 S350	
N370 M07	
N380 G00 X30 Z－25	
N390 G01 X20.1 F0.1	
N400 G01 X30 F0.5	切槽
N410 G00 Z－22	
N420 G01 X20 F0.1	
N430 G01 Z－25	
N440 G01 X30 F0.5	
N450 G00 X80 Z100	快速退刀回换刀点
N460 M09	冷却液关
N470 T0303	换 03 号螺纹刀
N480 M07	冷却液开
N490 S450	主轴以 450 r/min 正转
N510 G00 X28.2 Z3	移动至螺纹循环起点位置
N520 G82 X23 Z－21.5 F2	加工螺纹，背吃刀量 1 mm（直径）
N530 G82 X22.3 Z－21.5 F2	加工螺纹，背吃刀量 0.7 mm（直径）
N540 G82 X21.8 Z－21.5 F2	加工螺纹，背吃刀量 0.5 mm（直径）
N550 G82 X21.4 Z－21.5 F2	加工螺纹，背吃刀量 0.4 mm（直径）
N560 G82 X21.4 Z－21.5 F2	光整加工螺纹
N570 G00 X80 Z100	快速退刀回换刀点
N580 M09	冷却液关
N590 T0404	换切刀 T04
N600 M07	冷却液开
N610 S350	主轴以 350 r/min 正转
N620 G00 X45 Z－60	快速定位到切断处
N630 G01 X－0.5 F0.05	切断
N640 G00 X80 Z100	快速退刀回换刀点
N650 M05 M09	主轴停；冷却液关
N660 M30	程序结束

任务 5-1-3 任务描述

完成如图 5-3 所示工件的加工。材料为 45 钢，毛坯尺寸为 $\phi 50 \times 41$ mm。

全部：$\sqrt{Ra1.6}$

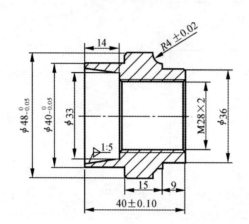

技术要求：
1. 不允许使用纱布或锉刀修整表面；
2. 未注倒角 C1。

图 5-3 管套零件图及实体图

任务 5-1-3 工作过程

第 1 步 分析零件图 5-3，确定加工工艺。如图 5-3 所示，根据零件的工艺特点和毛坯尺寸 $\phi 50 \times 43$ mm，确定加工方案。

（1）采用三爪自定心卡盘装夹工件，零件伸出卡盘 30 mm，加工零件左部分外轮廓、内轮廓、内螺纹至尺寸要求。加工前先对刀，设置编程原点在左端面的轴线上。

（2）零件掉头，夹 $\phi 40$ 外圆（垫铜皮），再对刀，设置编程原点在右端面的轴线上。加工零件右部分外轮廓。手动平端面，保总长。或加装定位块，编程序平端面（批量生产时用）。

第 2 步　刀具卡见表 5-7。

表 5-7　加工管套零件刀具卡

产品名称或代号		任务 5-1-2		零件名称	螺纹轴	零件图号		
序号	刀具号	刀具名称	数量	加工表面	刀尖半径 R/mm	刀尖方位 T	备注
1	T01	外圆车刀	1	粗、精车外圆	0.4	3	
2		中心钻	—	钻中心孔	安装于尾座	—	
3		ϕ18 麻花钻	—	钻孔	安装于尾座	—	
4	T02	内圆车刀	1	粗、精车内圆	0.4	1	
5	T03	内螺纹车刀	1	加工内螺纹	—		
编制		审核		批准		日期		共 1 页　第 1 页

第 3 步　工序卡见表 5-8。

表 5-8　加工管套零件工序卡

单位名称			产品名称或代号		零件名称		零件图号	
					轴套			
工序号		程序编号	夹具名称		使用设备		车间	
			三爪自定心卡盘、顶尖		CK6140 数控车床		数控车间	
工步号	工步内容		刀具号	刀具规格 R/mm	主轴转速 n/(r/min)	进给量 f/(mm/r)	背吃刀量 a_p/mm	备注
1	平端面		T01	0.4	700	—	—	
2	钻中心孔		中心钻	—	800	—	—	
3	钻孔		麻花钻	—	350	—	—	
4	粗车外圆		T01	0.4	600	0.18	2	
5	精车外圆				900	0.08	0.5	
6	粗车内孔		T02	0.4	600	0.12	1	
7	精车内孔				650	0.1	0.5	
8	加工螺纹		T03	—	400	0.08	3	
9	调头，加工端面和外圆		T01	0.4	700	0.05	0.5	
编制		审核		批准		日期		共 1 页　第 1 页

第 4 步　注意事项：① 掉头加工时，要校正工件，保证工件的同轴度；② 安装内螺纹车刀时，注意车刀的安装角度。

第 5 步 参考程序见表 5-9。

表 5-9 加工管套零件参考程序

程序 05004	说　　明
%5004	程序号
N010 G40 G97 G95	取消刀补，取消恒线速，设定每转进给
N020 M03 S600	主轴正转
N030 T0101	换外圆车刀 T01
N040 G00 X100 Z100	快速定位到换刀点
N070 G00 X52 Z2	快速定位到循环起点
N080 M08	打开冷却液
N090 G71 U2 R2 P100 Q160 X0.5 Z0.1 F0.18	外径粗切循环加工
N100 G01 X0 F0.08 S900 G42	外轮廓精加工，用刀具半径右补偿指令 G42
N110 Z0	
N120 X40	
N130 Z−16	
N140 X48 C1	
N150 Z−28	
N160 G01 X51	
N170 G00 X100	回换刀点并取消刀补
N180 Z100 G40	
N190 T0202	换内圆刀 T02
N200 S600	主轴以 600 r/min 正转
N210 G00 X16 Z2	快速定位到循环起点
N220 G71 U1 R1 P230 Q280 X−0.5 Z0.1 F0.12	内径粗切循环加工
N230 G01 X36.2 S650 F0.1 G41	内轮廓精加工，用刀具半径左补偿指令 G41
N240 X33 Z−14	
N250 X27.5	
N260 X25.5 Z−15	
N270 Z−41	
N280 X17	
N290 G00 Z100	回换刀点并取消刀补
N300 X100 G40	

程序 05004	说　明
%5004	程序号
N310 T0303	换 03 号螺纹刀
N320 S400	主轴以 400 r/min 正转
N330 G00 X20 Z2	快速定位到循环起点
N340 G76 C2 A60 X28 Z−40.5 R−1 E−1.5 K1.299 U−0.02 V0.02 Q0.2 F2	螺纹循环加工
N350 G00 X100 Z100	快速退刀回换刀点
N360 M05 M09	主轴停；冷却液关
N370 M30	程序结束

调头加工零件右段

程序 05005	说　明
%5005	
N010 G40 G97 G95	取消刀补
N020 M03 S600	主轴正转
N030 T0101	换外圆刀 T01
N040 G00 X100	快速定位到换刀点
N060 G00 Z100	
N070 G00 X52 Z2	移动至循环起点位置
N080 M08	打开冷却液
N090 G71 U2 R2 P100 Q160 X0.5 Z0.1 F0.18	外径粗切循环加工
N100 G01 X0 F0.08 S900 G42	外轮廓精加工，用刀具半径右补偿指令 G42
N110 Z0	
N120 X30 C1	
N130 Z−9	
N140 X40	
N150 G02 X48 Z−13 R4	
N160 G01 X51	
N170 G00 X100	回换刀点并取消刀补
N180 Z100 G40	
N190 M05 M09	主轴停；冷却液关
N200 M30	程序结束

任务 5-1-4　任务描述

完成如图 5-4 所示工件的加工。材料为 45 钢，毛坯尺寸为 $\phi55\times146$ mm。

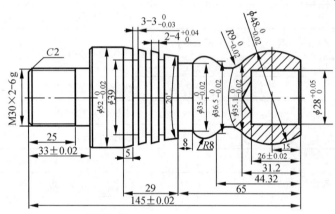

全部：$\sqrt{Ra3.2}$

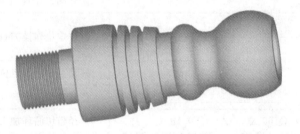

图 5-4　异形轴零件图及实体图

技术要求：
1.不允许使用纱布或锉刀修整表面；
2.未注倒角C1。

任务 5-1-4　工作过程

第 1 步　分析零件图 5-4，确定加工工艺。如图 5-3 所示，根据零件的工艺特点，选择 $\phi55\times146$ mm 的毛坯棒料，确定加工方案。

（1）采用三爪自定心卡盘装夹工件，零件伸出卡盘 90 mm，加工零件左部分外轮廓、外螺纹和切槽部分至尺寸要求。加工前先对刀，设置编程原点在左端面的轴线上。

（2）零件掉头，夹 $\phi52$ 外圆（垫铜皮），再对刀，设置编程原点在右端面的轴线上。加工零件右部分外轮廓、内轮廓至尺寸要求。手动平端面，保总长。或加装定位块，编程序平端面（批量生产时用）。

第 2 步　刀具卡见表 5-10。

表 5-10 加工异形轴零件刀具卡

产品名称或代号		任务 5-1-2		零件名称	螺纹轴	零件图号		
序号	刀具号	刀具名称	数量	加工表面	刀尖半径 R/mm	刀尖方位 T	备注	
1	T01	外圆车刀	1	粗、精车外圆	0.4	3		
2		中心钻	—	钻中心孔	安装于尾座	—		
3		$\phi18$ 麻花钻	—	钻孔	安装于尾座	—		
4	T02	内圆车刀	1	粗、精车内圆	0.4	1		
5	T03	外螺纹车刀	1	加工外螺纹	—	—		
6	T04	切槽刀	1	切槽	刃宽 3 mm	—		
编制		审核		批准		日期		共 1 页	第 1 页

第 3 步 工序卡见表 5-11。

表 5-11 加工异形轴零件工序卡

单位名称			产品名称或代号		零件名称		零件图号	
					轴套			
工序号		程序编号	夹具名称		使用设备		车间	
			三爪自定心卡盘、顶尖		CK6140 数控车床		数控车间	
工步号	工步内容		刀具号	刀具规格 R/mm	主轴转速 n/(r/min)	进给量 f/(mm/r)	背吃刀量 a_{p}/mm	备注
1	粗车端面和外圆		T01	0.4	600	0.2	1.5	
2	精车外圆				1 000	0.09	0.25	
3	加工螺纹		T03	—	350	—	—	
4	切槽		T04	—	350	0.1		
5	调头，粗车端面和外圆		T01	0.4	600	0.2	1.5	
6	精车外圆				1 000	0.09	0.25	
7	钻中心孔		中心钻		800	—	—	
	钻孔		麻花钻		350	—		
	粗车内孔		T02	0.4	600	0.12	1	
	精车内孔				650	0.1	0.5	
编制		审核		批准		日期		共 1 页	第 1 页

第 4 步 注意事项：① 掉头加工时，要校正工件，保证工件的同轴度；② 加工零件外轮廓时，外圆车刀的副偏角应偏大一些。

第 5 步 参考程序见表 5-12。

表 5-12 加工异形轴零件参考程序

程序 O5006	说　明
%5006	程序号
N010 G40 G97 G95	取消刀补，取消恒线速，设定每转进给
N020 M03 S600	主轴正转
N030 T0101	换外圆车刀 T01
N040 G00 X100	
N060 Z100	
N070 X57 Z2	移动至循环起点位置
N080 M08	打开冷却液
N090 G71 U1.5 R1 P100 Q180 X0.5 Z0.1 F0.2	外径粗切循环加工
N100 G01 X0 F0.08 S1000 G42	外轮廓精加工，用刀具半径右补偿指令 G42
N110 Z0	
N120 X30 C2	
N130 Z−33	
N140 X52 C1	
N150 Z−51	
N160 X42.21 Z−80	
N170 Z−88	
N180 G01 X56	
N190 G00 X100	到换刀点并取消刀补
N200 Z100 G40	
N210 T0303	换螺纹刀 T03
N220 S350	
N225 G00 X34 Z2	
N230 G76 C2 A60 X27.402 Z−25 R−1 E1.5 K1.299 U0.02 V0.02 Q0.2 F2	螺纹循环加工
N240 G00 X100 Z100	到换刀点
N250 T0404	换 04 号切槽刀
N260 G00 X56 S300	切槽
N270 Z−59	
N280 G01 X39 F0.1	
N290 X56 F0.4	
N300 Z−66	
N310 G01 X39 F0.1	
N320 X56 F0.4	
N330 Z−73	
N340 G01 X39 F0.1	
N350 X56 F0.4	
N360 Z−88	
N370 G01 X35 F0.1	
N380 X56 F0.4	
N390 Z−85.5	
N395 X35 F0.1	
N400 X56 F0.4	
N410 Z−83	
N420 X35 F0.1	
N430 X56 F0.4	

续表

程序 05006	说　明
％5006	程序号
N440 G00 X100	退刀
N450 Z100	
N460 M05 M09	主轴停；冷却液关
N470 M30	程序结束

调头加工零件右段

程序 05007	说　明
％5007	程序号
N480 G40 G97 G95	取消刀补，取消恒线速，设定每转进给
N490 M03 S600	主轴正转
N500 T0101	换外圆车刀 T01
N510 G00 X100	退刀
N520 G00 Z100	
N530 G00 X57 Z2	移动至循环起点位置
N540 M08	打开冷却液
N550 G71 U1.5 R1 P560 Q610 X0.5 Z0.1 F0.2	外径粗切循环加工
N560 G01 X0 F0.09 S1000 G42	外轮廓精加工，运用刀具半径右补偿指令 G42
N570 Z0	
N575 X37.47	
N580 G03 X35.1 Z−31.2 R24	
N590 G02 X36.5 Z−44.32 R9	
N600 G03 X35 Z−57 R8	
N610 G01 X56	
N620 G00 X100	到换刀点并取消刀补
N630 Z100 G40	
N640 T0202	换 02 号内圆刀
N650 S600	主轴以 600 r/min 正转
N660 G00 X16 Z2	移动至循环起点位置
N670 G71 U1 R1 P680 Q710 X−0.5 Z0.1 F0.12	内径粗切循环加工
N680 G01 X30 F0.1 S650 G41	内轮廓精加工，用刀具半径左补偿指令 G41
N690 X28 Z−1	
N700 Z−26	
N710 G01 X17	
N720 G00 Z100	到换刀点并取消刀补
N730 X100 G40	
N740 M05 M09	主轴停；冷却液关
N750 M30	程序结束

任务 5-1　　思考与交流

1. 根据图 5-5、图 5-6、图 5-7 所示的实操试题 1 的图样和表 5-13 所示的评分标准加工两件配零件（其中零件二毛坯上有两个 ϕ6 mm 的预钻孔）。

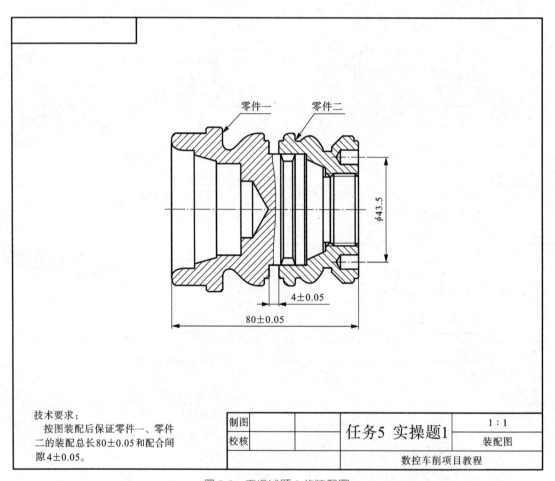

零件一　　零件二

ϕ43.5

4±0.05

80±0.05

技术要求：
　　按图装配后保证零件一、零件二的装配总长80±0.05和配合间隙4±0.05。

制图		任务5 实操题1	1：1
校核			装配图
		数控车削项目教程	

图 5-5　实操试题 1 的装配图

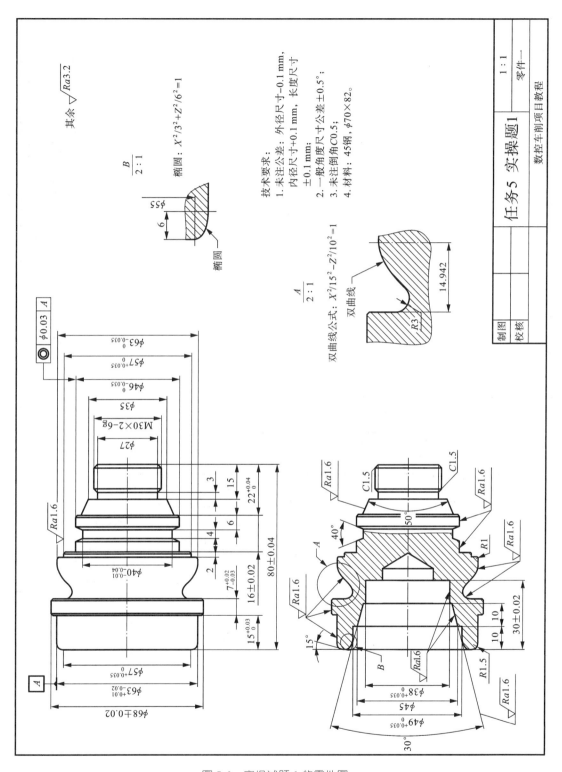

其余 $\sqrt{Ra3.2}$

椭圆: $X^2/3^2+Z^2/6^2=1$

$\dfrac{B}{2:1}$

技术要求:
1. 未注公差: 外径尺寸−0.1 mm, 内径尺寸+0.1 mm, 长度尺寸 ±0.1mm;
2. 一般角度尺寸公差±0.5°;
3. 未注倒角C0.5;
4. 材料: 45钢, $\phi70×82$。

$\dfrac{A}{2:1}$

双曲线公式: $X^2/15^2-Z^2/10^2=1$

双曲线

制图			1:1
校核			零件一
	任务5 实操题1		数控车削项目教程

图 5-6　实操试题 1 的零件图一

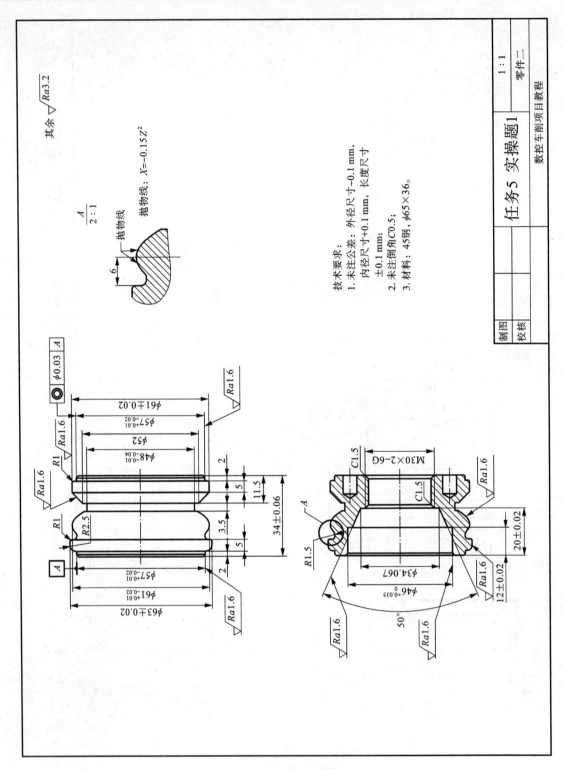

图 5-7　实操试题 1 的零件图二

表 5-13　实操试题 1 评分标准

工种			机床编号			总得分		
单位						姓名		
序号	评分项目	评分内容及要求		配分	评分标准	检测结果	扣分	得分
一、	零件一	图号	图 5-6	50 分				
1		$\phi27$	-0.1	0.5	超差不得分			
2		$\phi40^{-0.01}_{-0.04}$	IT	1.5	每超差 0.02 扣 1 分			
3		$\phi46^{0}_{-0.035}$	IT	1.5	每超差 0.02 扣 1 分			
4		$\phi57^{+0.035}_{0}$	IT	1.5	每超差 0.02 扣 1 分			
5		$\phi63^{0}_{-0.035}$	IT	1.5	每超差 0.02 扣 1 分			
6		$\phi63^{+0.01}_{-0.02}$	IT	1.5	每超差 0.02 扣 1 分			
7		$\phi68\pm0.02$	IT	1.5	每超差 0.02 扣 1 分			
8		15	±0.1	0.5	超差不得分			
9		$22^{+0.04}_{0}$	IT	1.5	每超差 0.02 扣 1 分			
10		16 ± 0.02	IT	1.5	每超差 0.02 扣 1 分			
11		$7^{+0.02}_{-0.03}$	IT	1.5	每超差 0.02 扣 1 分			
12	外轮廓	$15^{+0.03}_{0}$	IT	1.5	每超差 0.02 扣 1 分			
13	(33 分)	50°	$\pm0.5°$	1	角度尺检查合格得分			
14		40°	$\pm0.5°$	1	样板规检查合格得分			
15		15°	$\pm0.5°$	1	角度尺检查合格得分			
16		曲线 A	IT	3.5	样板规检查接触率大于 80％得 3.5 分，50％～80％得 2 分，小于 50％不得分			
17		$R1$	IT	1	R 规检查合格得分			
18		$R1.5$	IT	1	R 规检查合格得分			
19		$R3$	IT	1	R 规检查合格得分			
20		$C1.5$（2 处）	IT	1	倒角一处得 0.5 分			
21		锐边倒角 $C0.5$	IT	2.5	倒角一处得 0.5 分			
22		$Ra1.6$	Ra	3	超差一处扣 0.5 分			
23		同轴度		1	超差不得分			
24		$M30\times2-6g$	IT	3.5	合格得 3.5 分			
25	外螺纹	表面粗糙度	Ra		不合格扣 0.5 分			
26	(3.5 分)	中径	IT		不合格扣 1 分			
27		螺距	IT		不合格扣 1 分			
28		牙型	IT		不合格扣 0.5 分			
29		有效长度 15 mm	IT		不合格扣 0.5 分			
30		$\phi38^{+0.035}_{0}$	IT	1.5	每超差 0.02 扣 1 分			
31		$\phi49^{+0.035}_{0}$	IT	1.5	每超差 0.02 扣 1 分			
32		30 ± 0.02	IT	1.5	每超差 0.02 扣 1 分			
33	内轮廓	30°	$\pm0.5°$	1	样板规检查合格得分			
34	(11 分)	曲线 B	IT	3	样板规检查接触率大于 80％得 3 分，50％～80％得 0.5 分，小于 50％不得分			
35		锐边倒角 $C0.5$	IT	1	倒角一处得 0.5 分			
36		$Ra1.6$	Ra	1.5	超差一处扣 0.5 分			
37	全长及	80 ± 0.04	IT	1.5	每超差 0.015 扣 1 分			
38	表面质量	整体表	IT	1	一般扣 0.5 分			
39	(2.5 分)	面质量			较差不得分			

工种		机床编号			总得分			
单位					姓名			
序号	评分项目	评分内容及要求		配分	评分标准	检测结果	扣分	得分
二、	零件二	图号	图 5-7	38 分				
1		$\phi 48^{-0.01}_{-0.04}$	IT	1.5	每超差 0.02 扣 1 分			
2		$\phi 57^{+0.01}_{-0.02}$	IT	1.5	每超差 0.02 扣 1 分			
3		$\phi 61 \pm 0.02$	IT	1.5	每超差 0.02 扣 1 分			
4		$\phi 57^{+0.01}_{-0.02}$	IT	1.5	每超差 0.02 扣 1 分			
5		$\phi 61^{+0.01}_{-0.02}$	IT	1.5	每超差 0.02 扣 1 分			
6		$\phi 63 \pm 0.02$	IT	1.5	每超差 0.02 扣 1 分			
7		2	± 0.1	0.5	超差不得分			
8		11.5	± 0.1	0.5	超差不得分			
9		3.5	± 0.1	0.5	超差不得分			
10	外轮廓	2	± 0.1	0.5	超差不得分			
11	(23.5 分)	R1（2 处）	IT	2	R 规检查合格得分			
12		R2.5	IT	1	R 规检查合格得分			
13		R1.5	IT	1	R 规检查合格得分			
14		曲线 A	IT	3	样板规检查接触率 大于 80% 得 3 分， 50%～80% 得 0.5 分， 小于 50% 不得分			
15		锐边倒角 C0.5	IT	1	倒角一处得 0.5 分			
16		Ra1.6	Ra	3.5	超差一处扣 0.5 分			
17		同轴度	IT	1	超差扣 0.5 分			
18		$\phi 46^{+0.035}_{0}$	IT	1.5	每超差 0.02 扣 1 分			
19		12 ± 0.02	IT	1.5	每超差 0.02 扣 1 分			
20	内轮廓	20 ± 0.02	IT	1.5	每超差 0.02 扣 1 分			
21	(8.5 分)	50°	$\pm 0.5°$	1	样板规检查合格得分			
22		C1.5（2 处）	IT	1	超差一处扣 0.5 分			
23		锐边倒角 C0.5	IT	1	倒角一处得 0.5 分			
24		Ra1.6	Ra	1	超差一处扣 0.5 分			
25		M30×2-6G	IT	3.5	合格给 3.5 分			
26		表面粗糙度	Ra		不合格扣 0.5 分			
27	内螺纹	大径	IT		不合格扣 1 分			
28	(3.5 分)	螺距	IT		不合格扣 1 分			
29		牙型	IT		不合格扣 0.5 分			
30		有效长度 15 mm	IT		不合格扣 0.5 分			
31	全长及	34 ± 0.06	IT	1.5	每超差 0.015 扣 1 分			
32	表面质量	整体表	IT	1	一般扣 0.5 分			
33	(2.5 分)	面质量			较差不得分			

续表

工种			机床编号			总得分			
单位						姓名			
序号	评分项目		评分内容及要求	配分	评分标准		检测结果	扣分	得分
三、	配合	图号	图 5-5	12 分					
1	零件一、零件二的螺纹配合			4	螺纹配合，松紧合适得 4 分				
2	零件一、零件二的间隙配合			4	配合间隙 4±0.05 合格得 4 分，每超差 0.02 扣 2 分				
3	零件一、零件二的总长配合			4	配合总长 80±0.05 合格得 4 分，每超差 0.02 扣 2 分				
四、规范操作 、文明生产、加工工艺									
文明生产规范操作	1. 着装规范，未受伤； 2. 刀具、工具、量具的放置是否规范； 3. 工件装夹、刀具安装是否规范； 4. 能否正确使用量具； 5. 卫生、设备保养是否符合要求； 6. 关机后机床停放位置是否合理； 7. 是否服从安排； 8. 开机前的检查和开机顺序是否正确； 9. 正确对刀，回参考点，建立工件坐标系； 10. 正确仿真校验					总共能扣 10 分。每违反一条酌情扣 1 分，扣完为止			
检测员			记录员			评分员			

2. 根据图 5-8、图 5-9、图 5-10、图 5-11 所示的实操试题 2 的图样和表 5-14 所示的评分标准加工三件配零件。

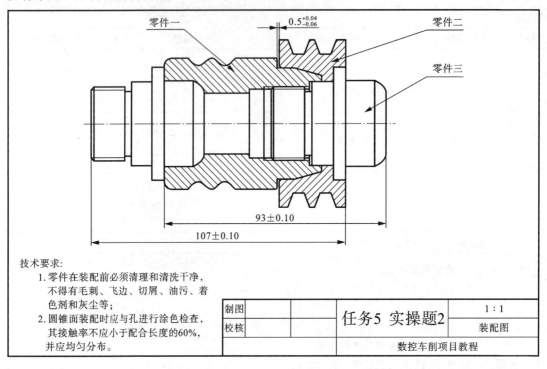

技术要求：
1. 零件在装配前必须清理和清洗干净，不得有毛刺、飞边、切屑、油污、着色剂和灰尘等；
2. 圆锥面装配时应与孔进行涂色检查，其接触率不应小于配合长度的60%，并应均匀分布。

制图		任务5 实操题2	1:1
校核			装配图
		数控车削项目教程	

图 5-8　实操试题 2 的装配图

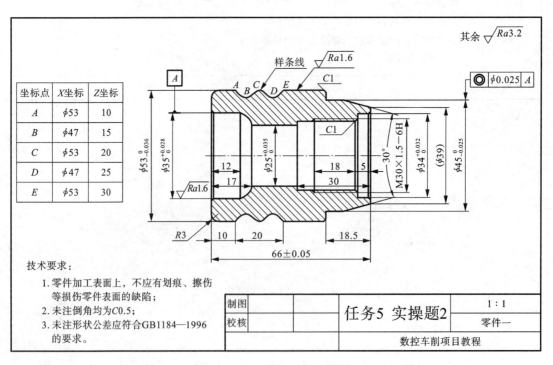

坐标点	X坐标	Z坐标
A	φ53	10
B	φ47	15
C	φ53	20
D	φ47	25
E	φ53	30

技术要求：
1. 零件加工表面上，不应有划痕、擦伤等损伤零件表面的缺陷；
2. 未注倒角均为C0.5；
3. 未注形状公差应符合GB1184—1996的要求。

制图		任务5 实操题2	1:1
校核			零件一
		数控车削项目教程	

图 5-9　实操试题 2 的零件图一

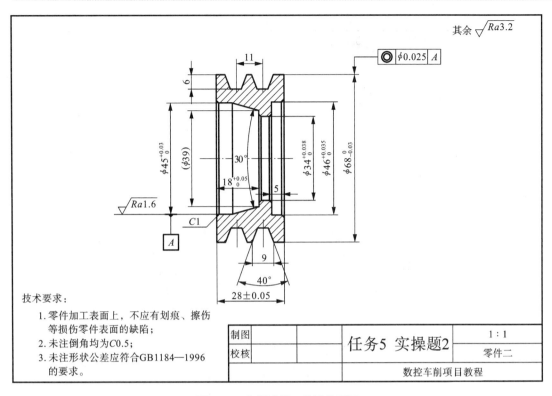

图 5-10　实操试题 2 的零件图二

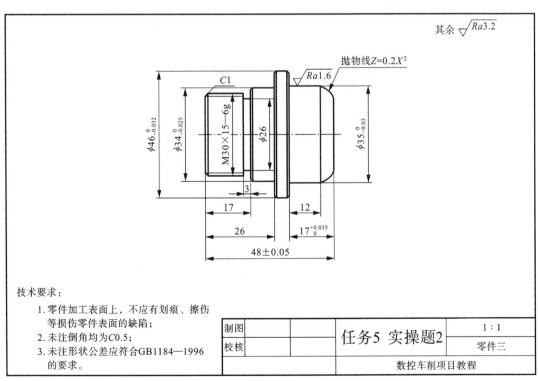

图 5-11　实操试题 2 的零件图三

表 5-14　实操试题 2 评分标准

工种			机床编号			总得分		
单位						姓名		

序号	评分项目		评分内容及要求		配分	评分标准	检测结果	扣分	得分
一、	零件一	图号	图 5-9		37				
1			$\phi 53_{-0.036}^{0}$	IT	3	超差 0.01 扣 1 分			
2				Ra	1	每降一级扣 0.5 分			
3			$\phi 35_{0}^{+0.028}$	IT	3	超差 0.01 扣 1 分			
4				Ra	1	每降一级扣 0.5 分			
5			$\phi 25_{0}^{+0.035}$	IT	3	超差 0.01 扣 1 分			
6				Ra	1	每降一级扣 0.5 分			
7			样条线		4	用样板测量合格得分			
8			R3	IT	1	用样板测量合格得分			
9			抛物线		2	用样板测量合格得分			
10			$\phi 45_{-0.025}^{0}$	IT	3	超差 0.01 扣 1 分			
11				Ra	1	每降一级扣 0.5 分			
12			$\phi 34_{0}^{+0.032}$	IT	3	超差 0.01 扣 1 分			
13				Ra	1	每降一级扣 0.5 分			
14			M30×1.5−6H		3	超差不得分			
15			锥面 30°		2	超差不得分			
16			66±0.05	IT	2	超差 0.01 扣 1 分			
17			同轴度 $\phi 0.025$		1	超差不得分			
18			倒角		2	错、漏一处扣 0.5 分			
二、	零件二	图号	图 5-10		23				
1			$\phi 68_{-0.03}^{0}$	IT	3	超差 0.01 扣 1 分			
2				Ra	1	每降一级扣 0.5 分			
3			$\phi 46_{0}^{+0.035}$	IT	3	超差 0.01 扣 1 分			
4				Ra	1	每降一级扣 0.5 分			
5			$\phi 34_{0}^{+0.038}$	IT	3	超差 0.01 扣 1 分			
6				Ra	1	每降一级扣 0.5 分			
7			$\phi 45_{0}^{+0.03}$	IT	3	超差 0.01 扣 1 分			
8				Ra	1	每降一级扣 0.5 分			
9			锥面 30°		2	超差不得分			
10			梯形槽	IT	4	用样板测量合格得分			
11				Ra	1	每降一级扣 0.5 分			
12			$18_{0}^{+0.05}$	IT	1	超差 0.01 扣 0.5 分			
13			倒角		2	错、漏一处扣 0.5 分			
14			28±0.05		2	超差不得分			

续表

工种			机床编号			总得分			
单位						姓名			
序号	评分项目		评分内容及要求		配分	评分标准	检测结果	扣分	得分
三、	零件三	图号	图 5-11		28				
1			$\phi 46_{-0.032}^{0}$	IT	3	超差 0.01 扣 1 分			
2				Ra	1	每降一级扣 0.5 分			
3			$\phi 34_{-0.025}^{0}$	IT	3	超差 0.01 扣 1 分			
4				Ra	1	每降一级扣 0.5 分			
5			M30×1.5－6g		3	超差不得分			
6			3 mm 退刀槽	IT	1	超差 0.05 扣 0.5 分			
7			$\phi 35_{-0.03}^{0}$	IT	3	超差 0.01 扣 1 分			
8				Ra	1	每降一级扣 0.5 分			
9			$17_{0}^{+0.035}$	IT	1	超差 0.01 扣 0.5 分			
10			48±0.05	IT	2	超差 0.02 扣 1 分			
11			抛物线	IT	2	用样板测量合格得分			
12			倒角		2	错、漏一处扣 0.5 分			
四、	配合	图号	图 5-8		12				
1			螺纹配合		2	超差不得分			
2			锥面配合		2	超差不得分			
3	配合		抛物线面配合		2	超差不得分			
4			配合间隙 $0.5_{-0.06}^{+0.04}$		2	超差 0.01 扣 0.5 分			
5			配合总长 93±0.10		2	超差不得分			
6			配合总长 107±0.10		2	超差不得分			

五、规范操作、文明生产、加工工艺

文明生产规范操作	1. 着装规范，未受伤； 2. 刀具、工具、量具的放置是否规范； 3. 工件装夹、刀具安装是否规范； 4. 能否正确使用量具； 5. 卫生、设备保养是否符合要求； 6. 关机后机床停放位置是否合理； 7. 是否服从安排； 8. 开机前的检查和开机顺序是否正确； 9. 正确对刀，回参考点，建立工件坐标系； 10. 正确仿真校验	总共能扣 10 分。每违反一条酌情扣 1 分，扣完为止

检测员		记录员		评分员	

任务 5-2　零件的检测

任务 5-2　任务描述

检测任务 5-1-2 中加工的零件，并将检测的结果填写在表 5-15 中。

表 5-15　检测项目

序号	测量项目		实际测量尺寸	是否合格	检测量具
1	外圆	$\phi42_{-0.039}^{0}$　　$Ra1.6$			千分尺 25～50
2		$\phi34_{-0.062}^{0}$　　$Ra1.6$			千分尺 25～50
3		$\phi28$			游标卡尺或钢尺
4	圆弧	$R4$　　$Ra3.2$			R 规
5	沟槽	7×2　　两侧 $Ra3.2$			游标卡尺 0～150
6	长度	56 ± 0.15　　两侧 $Ra3.2$			游标卡尺 0～150
7		25			游标卡尺或深度尺
8		15			钢尺
9		8			钢尺
10	锥度	$C=6:8$			百分表及磁力表座
11	螺纹	$M24\times2-5\ g/6\ g$　　大径			游标卡尺 0～150
12		$M24\times2-5\ g/6\ g$　　中径			螺纹千分尺或环规

任务 5-2　工作过程

第 1 步　检测外圆。项目要求检测的外圆尺寸有三项，其中 $\phi42$、$\phi34$ 两项有公差要求，而且位置较易测量，所以选取千分尺测量。$\phi28$ 这项尺寸虽然没有公差，但不易测量，因为量具卡不住 $\phi28$ 圆上的两点。所以一般使用游标卡尺或钢尺大致地测量一下，使"大数"不要有错误。在后面的锥度测量中配合百分表来测量锥面的相关尺寸。

第 2 步　检测圆弧。项目要求检测 $R4$ 圆弧一项，没有公差要求，所以使用 R 规来进行检测，若有公差等要求，则需要三坐标测量机来进行检测。

第 3 步　检测沟槽。沟槽尺寸为 7×2，为螺纹退刀槽，可以使用游标卡尺测量，测量比较简单。

第 4 步　检测长度。本项目共有 4 个长度尺寸，只有 56 这项尺寸有公差，而且公差值较大，可以用游标卡尺来测量。25 这项尺寸可以用带深度的 0～150 的游标卡尺或深度尺来测量。15 和 8 这两项尺寸没有公差，而且也不易测量，可以使用一般钢直尺直接测量数值。

第 5 步 检测锥度。本工件有一个短圆锥，因为圆锥小端直径与圆锥长度不好测量，所以通过检测圆锥锥度来保证工件尺寸。通常，测量锥度可以使用正弦规，但本项目无法使用正弦规，所以一般在数控车床上使用磁力表座与百分表来检测锥度。

第 6 步 检测螺纹。用游标卡尺检测螺纹大径尺寸，用螺纹千分尺检测螺纹中径尺寸。

任务 5-2 相关知识

1. 钢直尺

钢直尺是一种简单的测量工具和划直线的导向工具，外形如图 5-12 所示。在尺面上刻有刻线，最小刻线间距为 0.5 mm。

钢直尺的规格按其长度分为三种：150 mm、300 mm、1 000 mm。

图 5-12 钢尺

2. 游标卡尺

游标卡尺是用来测量工件的内外直径、长度和深度的。常用的游标卡尺为图 5-13 所示的 I 型游标卡尺，测量范围为 0～150 mm。

(1) 游标卡尺的读数值是指主尺与副尺每格宽度之差。主尺上每格宽度都是 1 mm，副尺上每格宽度有三种：0.9 mm、0.95 mm、0.98 mm。因此，游标卡尺的读数值分别为：0.1 mm、0.05 mm、0.02 mm，具体见表 5-16。

表 5-16 I 型游标卡尺的规格

测量范围	0～150		
游标读数值	0.02	0.05	0.10
示值误差	±0.02	±0.05	±0.10

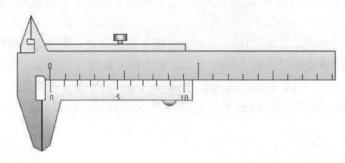

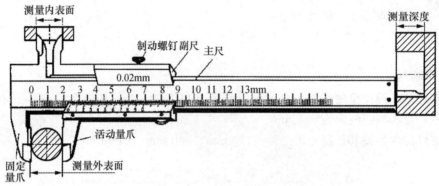

图 5-13　I 型游标卡尺

（2）读数方法。下面以读数值为 0.02 mm 的游标卡尺（见图 5-14）为例，介绍游标卡尺的读数方法。

主尺每格 ＝ 1 mm

副尺每格 ＝ 0.98 mm

主尺与副尺每格相差 ＝ 1 mm － 0.98 mm ＝ 0.02 mm

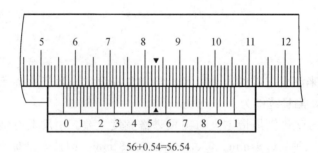

56+0.54=56.54

图 5-14　读数值为 0.02 mm 的游标卡尺读数示例

（3）游标卡尺读数的步骤为：先读出副尺零线在主尺上多少毫米位置；再读出副尺上哪一条刻线与主尺对齐；最后把两个尺寸加起来。

（4）游标卡尺的使用应注意以下几点。

● 游标卡尺为中等精度的量具，不得测量毛坯件。

● 将工件和游标卡尺的测量面擦拭干净。

- 校准游标卡尺的零位。
- 测量时，将外量爪张开到略大于被测尺寸（或内量爪张开到略小于被测尺寸）。
- 将主尺的固定量爪贴靠在工件的测量基准面上，然后轻轻移动游标，使得活动量爪贴靠在工件的另一面上。

3．千分尺

外径千分尺是利用螺旋副原理，对尺架上两测量面间隔的距离进行读数的一种外尺寸精密测量器具（见图 5-15）。千分尺可以测量工件的各种外形尺寸，如长度、厚度、外径以及凸肩的厚板厚或壁厚等。其精度为 0.01 mm，千分位数值为估读。

千分尺的使用应注意三点：一是减少温度的影响；二是保持测力恒定；三是零位检查及操作。

千分尺的读数步骤如下。

（1）读出微分筒左侧固定套筒上露出刻线上的和整毫米及半毫米上的数值。

（2）找出微分筒上哪一格刻线与固定套筒基准线对齐，读出尺寸不足 0.5 mm 的小数部分。

（3）将两部分读数相加，即为测量的实际尺寸。

读数：1.307   读数：6.767

图 5-15　外径千分尺的读数示例

4．R 规

R 规又称半径规，半径样板。R 规由多个薄片组合而成，薄片制作成不同半径的凹圆弧和凸圆弧，它是利用光隙法测量圆弧半径的工具。测量时，先选择合适的半径薄片，然后使R 规的测量面与工件的圆弧完全地紧密接触，当测量面与工件的圆弧中间没有间隙时，工件的圆弧度数则为 R 规上所表示的数字。由于是目测，故准确度不是很高，只能作定性测量。

5．深度游标卡尺

（1）深度游标卡尺的结构。测量范围一般有 0～200 mm 和 0～300 mm 两种，其结构主要由尺身、尺框、紧固螺钉、游标、调节螺钉、片弹簧几部分组成（见图 5-16）。

（2）深度游标卡尺的用途。深度游标卡尺主要用于测量阶梯形、盲孔、曲槽等工件的深度。

（3）深度游标卡尺的读数。与游标卡尺读数相同。

（4）深度游标卡尺的使用。测量时先将尺框的测量面贴合在工件被测深部的顶面上，注意不得倾斜，然后将尺身推上去直至尺身测量面与被测深部接触，此时即可读数。由于尺身测量面小，容易磨损，故在测量前需检查深度尺的零位是否正确。

图 5-16　深度游标卡尺

6. 正弦规

正弦规的上表面为工作面，在正弦规主体下方固定有两个直径相等且互相平行的圆柱体，它们下母线的公切面与上工作面平行（见图 5-17）。在主体侧面和前面分别装有可供被测件定位用的侧挡板和前挡板，它们分别垂直和平行于两圆柱的轴心线。正弦规按正弦原理工作，即在平板工作面与正弦规一侧的圆柱之间安放一组尺寸为 H 的量块，使正弦规工作面相对于平板工作面的倾斜角度 α 等于被测角（锥）度的公称值。量块尺寸 H 由 $\sin\alpha = H/L$ 公式决定。

图 5-17　正弦规

7. 螺纹环规、塞规

在批量生产中一般使用螺纹环规或螺纹塞规来检测螺纹，环规用来检测外螺纹，塞规用来检测内螺纹（见图 5-18）。螺纹环规或螺纹塞规又分为通规和止规，通规通过而止规通不过，则螺纹合格。单件生产时也使用螺纹千分尺。

8. 螺纹千分尺

螺纹千分尺是用来测量螺纹中径的，一般用来测量三角螺纹。螺纹千分尺的结构和使用方法与外径千分尺相同，有两个和螺纹牙型角相同的触头，一个呈圆锥体，一个呈凹槽（见图 5-19）。有一系列的测量触头可供不同的牙型角和螺距选用。

测量时，螺纹千分尺的两个触头正好卡在螺纹的牙型面上，所得的读数就是该螺纹中径的实际尺寸。

9. 三坐标测量机

三坐标测量机的测量原理是将被测物体置于三坐标测量空间中，可获得被测物体上各测点的坐标位置，根据这些点的空间坐标值，经计算求出被测物体的几何尺寸、形状和位置（见图 5-20）。

图 5-18 螺纹环规、塞规

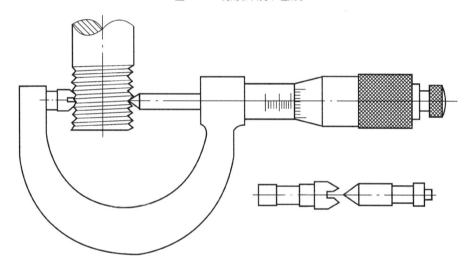

图 5-19 螺纹千分尺

图 5-20 三坐标测量机

任务 5-2　思考与交流

1. 数控机床在加工零件时需要检测零件的尺寸，试问此时应该如何操作机床？

2. 游标卡尺测量外径尺寸时，应如何保证测量的准确性？

附 录

【教学重点】
- 宏指令编程
- 编程指令介绍

宏指令与编程指令

附表 1-1 HNC-21/22T 系统宏变量

宏 变 量	说 明	宏 变 量	说 明
#0～#49	当前局部变量	#50～#199	全局变量
#200～#249	0 层局部变量	#250～#299	1 层局部变量
#300～#349	2 层局部变量	#350～#399	3 层局部变量
#400～#449	4 层局部变量	#450～#499	5 层局部变量
#500～#549	6 层局部变量	#550～#599	7 层局部变量
#600～#699	刀具长度寄存器 H0～H99	#700～#799	刀具半径寄存器 D0～D99
#800～#899	刀具寿命寄存器		
#1000	机床当前位置 X	#1001	机床当前位置 Y
#1002	机床当前位置 Z	#1003	机床当前位置 A
#1004	机床当前位置 B	#1005	机床当前位置 C

附录1 华中数控世纪星 HNC-21/22T 数控系统宏指令编程

华中数控世纪星 HNC-21/22T 数控系统为用户配备了强有力的类似于高级语言的宏程序功能，用户可以使用变量进行算术运算、逻辑运算和函数的混合运算。此外，宏程序还提供了循环语句、分支语句和子程序调用语句，以利于编制各种复杂的零件加工程序和精简程序量，减少甚至免除手工编程时进行的繁琐数值计算。

1. 宏变量及常量

（1）HNC-21/22T 系统宏变量及说明见附表 1-1。

附表 1-1 HNC-21/22T 系统宏变量

宏 变 量	说 明	宏 变 量	说 明
#0～#49	当前局部变量	#50～#199	全局变量
#200～#249	0 层局部变量	#250～#299	1 层局部变量
#300～#349	2 层局部变量	#350～#399	3 层局部变量
#400～#449	4 层局部变量	#450～#499	5 层局部变量
#500～#549	6 层局部变量	#550～#599	7 层局部变量
#600～#699	刀具长度寄存器 H0～H99	#700～#799	刀具半径寄存器 D0～D99
#800～#899	刀具寿命寄存器		
#1000	机床当前位置 X	#1001	机床当前位置 Y
#1002	机床当前位置 Z	#1003	机床当前位置 A
#1004	机床当前位置 B	#1005	机床当前位置 C
#1006	机床当前位置 U	#1007	机床当前位置 V
#1008	机床当前位置 W	#1009	直径编程
#1010	程编机床位置 X	#1011	程编机床位置 Y
#1012	程编机床位置 Z	#1013	程编机床位置 A
#1014	程编机床位置 B	#1015	程编机床位置 C
#1016	程编机床位置 U	#1017	程编机床位置 V
#1018	程编机床位置 W	#1019	（保留）
#1020	程编工件位置 X	#1021	程编工件位置 Y
#1022	程编工件位置 Z	#1023	程编工件位置 A
#1024	程编工件位置 B	#1025	程编工件位置 C
#1026	程编工件位置 U	#1027	程编工件位置 V
#1028	程编工件位置 W	#1029	（保留）
#1030	当前工件零点 X	#1031	当前工件零点 Y
#1032	当前工件零点 Z	#1033	当前工件零点 A
#1034	当前工件零点 B	#1035	当前工件零点 C
#1036	当前工件零点 U	#1037	当前工件零点 V
#1038	当前工件零点 W	#1039	坐标系建立轴
#1040	G54 零点 X	#1041	G54 零点 Y
#1042	G54 零点 Z	#1043	G54 零点 A
#1044	G54 零点 B	#1045	G54 零点 C

续表

宏 变 量	说 明	宏 变 量	说 明
#1046	G54 零点 U	#1047	G54 零点 V
#1048	G54 零点 W	#1049	（保留）
#1050	G55 零点 X	#1051	G55 零点 Y
#1052	G55 零点 Z	#1053	G55 零点 A
#1054	G55 零点 B	#1055	G55 零点 C
#1056	G55 零点 U	#1057	G55 零点 V
#1058	G55 零点 W	#1059	（保留）
#1060	G56 零点 X	#1061	G56 零点 Y
#1062	G56 零点 Z	#1063	G56 零点 A
#1064	G56 零点 B	#1065	G56 零点 C
#1066	G56 零点 U	#1067	G56 零点 V
#1068	G56 零点 W	#1069	（保留）
#1070	G57 零点 X	#1071	G57 零点 Y
#1072	G57 零点 Z	#1073	G57 零点 A
#1074	G57 零点 B	#1075	G57 零点 C
#1076	G57 零点 U	#1077	G57 零点 V
#1078	G57 零点 W	#1079	（保留）
#1080	G58 零点 X	#1081	G58 零点 Y
#1082	G58 零点 Z	#1083	G58 零点 A
#1084	G58 零点 B	#1085	G58 零点 C
#1086	G58 零点 U	#1087	G58 零点 V
#1088	G58 零点 W	#1089	（保留）
#1090	G59 零点 X	#1091	G59 零点 Y
#1092	G59 零点 Z	#1093	G59 零点 A
#1094	G59 零点 B	#1095	G59 零点 C
#1096	G59 零点 U	#1097	G59 零点 V
#1098	G59 零点 W	#1099	（保留）
#1100	中断点位置 X	#1101	中断点位置 Y
#1102	中断点位置 Z	#1103	中断点位置 A
#1104	中断点位置 B	#1105	中断点位置 C
#1106	中断点位置 U	#1107	中断点位置 V
#1108	中断点位置 W	#1109	坐标系建立轴
#1110	G28 中间点位置 X	#1111	G28 中间点位置 Y
#1112	G28 中间点位置 Z	#1113	G28 中间点位置 A
#1114	G28 中间点位置 B	#1115	G28 中间点位置 C
#1116	G28 中间点位置 U	#1117	G28 中间点位置 V
#1118	G28 中间点位置 W	#1119	G28 屏蔽字
#1120	镜像点位置 X	#1121	镜像点位置 Y
#1122	镜像点位置 Z	#1123	镜像点位置 A
#1124	镜像点位置 B	#1125	镜像点位置 C
#1126	镜像点位置 U	#1127	镜像点位置 V

宏 变 量	说 明	宏 变 量	说 明
#1128	镜像点位置 W	#1129	镜像屏蔽字
#1130	旋转中心（轴1）	#1131	旋转中心（轴2）
#1132	旋转角度	#1133	旋转轴屏蔽字
#1134	（保留）	#1135	缩放中心（轴1）
#1136	缩放中心（轴2）	#1137	缩放中心（轴3）
#1138	缩放比例	#1139	缩放轴屏蔽字
#1140	坐标变换代码1	#1141	坐标变换代码2
#1142	坐标变换代码3	#1143	（保留）
#1144	刀具长度补偿号	#1145	刀具半径补偿号
#1146	当前平面轴1	#1147	当前平面轴2
#1148	虚拟轴屏蔽字	#1149	进给速度指定
#1150	G 代码模态值 0	#1151	G 代码模态值 1
#1152	G 代码模态值 2	#1153	G 代码模态值 3
#1154	G 代码模态值 4	#1155	G 代码模态值 5
#1156	G 代码模态值 6	#1156	G 代码模态值 7
#1158	G 代码模态值 8	#1159	G 代码模态值 9
#1160	G 代码模态值 10	#1161	G 代码模态值 11
#1162	G 代码模态值 12	#1163	G 代码模态值 13
#1164	G 代码模态值 14	#1165	G 代码模态值 15
#1166	G 代码模态值 16	#1167	G 代码模态值 17
#1168	G 代码模态值 18	#1169	G 代码模态值 19
#1170	剩余 CACHE	#1171	备用 CACHE
#1172	剩余缓冲区	#1173	备用缓冲区
#1174	（保留）	#1175	（保留）
#1176	（保留）	#1177	（保留）
#1178	（保留）	#1179	（保留）
#1180	（保留）	#1181	（保留）
#1182	（保留）	#1183	（保留）
#1184	（保留）	#1185	（保留）
#1186	（保留）	#1187	（保留）
#1188	（保留）	#1189	（保留）
#1190	用户自定义输入	#1191	用户自定义输出
#1192	自定义输出屏蔽	#1193	（保留）
#1194	（保留）		
#2000	复合循环轮廓点数	#2001～#2100	复合循环轮廓点 X（直径方式为直径值；半径方式为半径值）
#2201～#2300	复合循环轮廓点 Z	#2301～#2400	复合循环轮廓点 R
#2401～#2500	复合循环轮廓点 I	#2501～#2600	复合循环轮廓点 J

（2）HNC-21/22T 系统常量及说明见附表 1-2。

附表 1-2　HNC-21/22T 系统常量

常　　量	说　　明
PI	圆周率 π
TRUE	条件成立（真）
FALSE	条件不成立（假）

2. 运算符与表达式

（1）HNC-21/22T 系统运算符及说明见附表 1-3。

附表 1-3　HNC-21/22T 系统运算符

运算符类型	运　算　符	说　　明
算术运算符	+	加
	−	减
	*	乘
	/	除
条件运算符	EQ	等于
	NE	不等于
	GT	大于
	GE	大于等于
	LT	小于
	LE	小于等于
逻辑运算符	AND	与
	OR	或
	NOT	非
函数运算符	SIN	正弦
	COS	余弦
	TAN	正切
	ATAN	反正切
	ATAN2	反余切
	ABS	绝对值
	INT	取整
	SIGN	取符号
	SQRT	平方根
	EXP	指数

（2）表达式。用运算符连接起来的常数、宏变量构成表达式。表达式的例子如下。

75/SQRT［2］* COS［55 * PI/180］

♯3 * 6 GT 14

3. 赋值语句

把常数或表达式的值送给一个宏变量称为赋值。

格式：宏变量＝常数或表达式

赋值语句的例子如下。

♯2 ＝ 175/SQRT［2］＊ COS［55 ＊ PI/180］

♯3 ＝ 124.0

4. 条件判别语句

格式 1：IF 条件表达式

    …

    ELSE

    …

    ENDIF

格式 2：IF 条件表达式

    …

    ENDIF

5. 循环语句

格式：WHILE 条件表达式

    …

    ENDW

6. HNC-21T 系统宏程序/子程序调用的参数传递规则

G 代码在调用宏（子程序或固定循环）时，系统会将当前程序段的各字段（A～Z 共 26 个字段，如果没有定义则为零）的内容拷贝到宏执行时的局部变量♯0～♯25 中，同时拷贝调用宏时当前通道 9 个轴的绝对位置（机床绝对坐标）到宏执行时的局部变量♯30～♯38 中。

调用一般子程序时，不保存系统模态值，即子程序可修改系统模态并保持有效；而调用固定循环时，保存系统模态值，即固定循环子程序不修改系统模态。

附表 1-4 列出了宏当前局部变量♯0～♯38 所对应的宏调用时传递的字段参数名。

附表 1-4　宏调用时字段参数传递与局部宏变量的对应关系

宏当前局部变量	宏调用时所传递的字段名或系统变量
♯0	A
♯1	B
♯2	C
♯3	D
♯4	E
♯5	F
♯6	G
♯7	H
♯8	I
♯9	J
♯10	K
♯11	L

宏当前局部变量	宏调用时所传递的字段名或系统变量
♯12	M
♯13	N
♯14	O
♯15	P
♯16	Q
♯17	R
♯18	S
♯19	T
♯20	U
♯21	V
♯22	W
♯23	X
♯24	Y
♯25	Z
♯26	固定循环指令初始平面 Z 模态值
♯27	不用
♯28	不用
♯29	不用
♯30	调用子程序时轴 0 的绝对坐标
♯31	调用子程序时轴 1 的绝对坐标
♯32	调用子程序时轴 2 的绝对坐标
♯33	调用子程序时轴 3 的绝对坐标
♯34	调用子程序时轴 4 的绝对坐标
♯35	调用子程序时轴 5 的绝对坐标
♯36	调用子程序时轴 6 的绝对坐标
♯37	调用子程序时轴 7 的绝对坐标
♯38	调用子程序时轴 8 的绝对坐标

7. 编程范例

(1) 用 HNC-21/22T 系统宏指令编制附图 1-1 所示含抛物线轮廓零件的精加工程序。

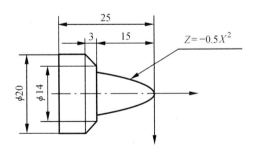

附图 1-1　含抛物线轮廓零件

精加工参考程序见附表 1-5。

附表 1-5　含抛物线轮廓零件的精加工参考程序（HNC-21/22T 系统）

序号	％1111	程序号（程序头）
1	T0101 G90 G95	调用 01 号精加工刀、01 号刀补；设定绝对值编程；设定每转进给
2	M03 S1000	主轴以 1 000 r/min 正转
3	G00 X80 Z50	快速定位到换刀点
4	X0 Z2	快速定位到接近工件点
5	G01 X0 Z0 F0.08 M07	直线进给到抛物线顶点
6	♯1＝0	给♯1赋初始值0（♯1相当于自变量 Z 坐标）
7	WHILE ♯1 GE [−15]	设定循环条件：♯1的值大于等于−15（相当于设定自变量的终止值−15，即循环成立的条件是，♯1从0变化到−15）
8	♯2＝SQRT [♯1/ [−0.5]]	计算♯2的值（♯2相当于因变量 X 坐标：将抛物线方程进行转换得 $X=\sqrt{Z/(-0.5)}$，用♯1和♯2分别代替公式中的 Z 和 X 即可）
9	G01 X [2 * ♯2] Z [♯1]	直线插补到用变量表示的抛物线上的点
10	♯1＝♯1−0.4	自变量♯1以步长0.4递减（步长越小，得到的表面越光滑）
11	ENDW	循环结束
12	G01 X14	直线插补到 X14 点
13	X20 Z−18	直线插补加工锥面
14	Z−25	直线插补加工到终点
15	G00 X80	X 方向快速退刀
16	Z50	Z 方向快速退刀
17	M30	程序结束并返回程序起点

（2）用 HNC-21/22T 系统宏指令编制附图 1-2 所示含椭圆轮廓零件的精加工程序。

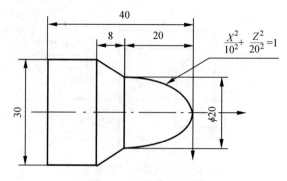

附图 1-2　含椭圆轮廓零件

精加工参考程序见附表 1-6。

附表 1-6 含椭圆轮廓零件的精加工参考程序（HNC-21/22T 系统）

序号	%1112	程序号（程序头）
1	T0101 G90 G95	调用 01 号精加工刀、01 号刀补；设定绝对值编程；设定每转进给
2	M03 S1000	主轴以 1 000 r/min 正转
3	G00 X80 Z50	快速定位到换刀点
4	X0 Z2	快速定位到接近工件点
5	G01 X0 Z0 F0.08 M07	冷却液开，直线进给到椭圆轮廓起点
6	#1＝20	给 #1 赋初始值 20（#1 相当于自变量 Z 坐标。如附图 1-2 所示，以椭圆中心为原点，椭圆轮廓起点 Z 坐标为 20，终点 Z 坐标为 0）
7	WHILE #1 GE 0	设定循环条件：#1 的值大于等于 0（相当于设定自变量的终止值为 0，即循环成立的条件是，#1 从 20 变化到 0）
8	#2＝10 * SQRT [1－#1 * #1/400]	计算 #2 的值（#2 相当于因变量 X 坐标：将椭圆方程进行转换得 $X = 10\sqrt{1 - Z^2/400}$，用 #1 和 #2 分别代替公式中的 Z 和 X 即可。）
9	#11＝#1－20	计算 #11 的值，#11 相当于编程坐标系下椭圆上点的 Z 坐标（因椭圆中心与工件坐标系零点不重合，在 Z 方向存在偏置，因此要加上该偏置值－20）
10	G01 X [2 * #2] Z [#11]	直线插补到用变量表示的椭圆上的点
11	#1＝#1－0.5	自变量 #1 以步长 0.5 递减（步长越小，得到的表面越光滑）
12	ENDW	循环结束
13	G01 X30 Z－28	直线插补加工锥面
14	Z－40	直线插补加工到终点
15	G00 X80	X 方向快速退刀
16	Z50	Z 方向快速退刀
17	M30	程序结束并返回程序起点

（3）用 HNC-21/22T 系统宏指令编制附图 1-3 所示含椭圆轮廓零件的精加工程序。

椭圆方程式是以椭圆中心为坐标原点的方程式。起点 S 和终点 T 的 X 坐标相同，即 $X_S = X_T = 23 - 15 = 8$，将其代入椭圆方程即可求得起点 S 和终点 T 的 Z 坐标。即

$$Z_S = -Z_T = 20 \times \sqrt{1 - \frac{8^2}{10^2}} = 12$$

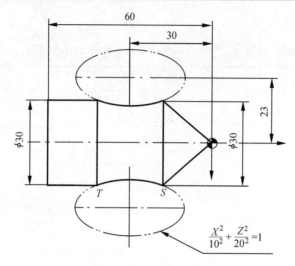

附图 1-3 含椭圆轮廓零件

在编程坐标系下椭圆起点的坐标 $Z = -(30-12) = -18$。

精加工参考程序见附表 1-7。

附表 1-7 含椭圆轮廓零件的精加工参考程序（HNC-21/22T 系统）

序号	程　序	说　明
0	%1113	程序号（程序头）
1	T0101 G90 G95	调用 01 号精加工刀、01 号刀补；设定绝对值编程；设定每转进给
2	M03 S1000	主轴以 1 000 r/min 正转
3	G00 X80 Z50	快速定位到换刀点
4	X0 Z2	快速定位到接近工件点
5	G01 X0 Z0 F0.08 M07	冷却液开，直线进给到圆锥顶点
6	X30 Z−18	直线进给到椭圆轮廓起点
7	#1=12	给 #1 赋初始值 12（#1 相当于自变量 Z 坐标。如附图 1-3 所示，以椭圆中心为原点，椭圆轮廓起点 Z 坐标为 12，终点 Z 坐标为 −12）
8	WHILE #1 GE [−12]	设定循环条件：#1 的值大于等于 −12（相当于设定自变量的终止值为 −12，即循环成立的条件是，Z 坐标从 12 变化到 −12）
9	#2=10 * SQRT [1−#1 * #1/400]	计算 #2 的值（#2 相当于因变量 X 坐标：将椭圆方程进行转换得 $X = 10\sqrt{1-Z^2/400}$，用 #1 和 #2 分别代替公式中的 Z 和 X 即可）
10	#11 = #1−30	计算 #11 的值，#11 相当于编程坐标系下椭圆上点的 Z 坐标（因椭圆中心与工件坐标系零点不重合，在 Z 方向存在偏置，因此要加上该偏置值 −30）

序号	程　序	说　明
11	♯22＝－♯2＋23	计算♯22的值，♯22相当于编程坐标系下椭圆点的X坐标（因椭圆中心与工件坐标系零点不重合，在X方向存在偏置，因此要加上该偏置值23；同时要考虑♯2的正负，附图1-3使用了椭圆内侧轮廓，所以♯2取负值，反之取正值）
12	G01 X［2＊♯22］Z［♯11］	直线插补到用变量表示的椭圆上的点
13	♯1＝♯1－0.5	自变量♯1以步长0.5递减（步长越小，得到的表面越光滑）
15	ENDW	循环结束
16	G01 Z－60	直线插补加工到终点
17	G00 X80	X方向快速退刀
18	Z50	Z方向快速退刀
19	M30	程序结束并返回程序起点

（4）用 HNC-21/22T 系统宏指令编制附图 1-4 所示含椭圆及抛物线轮廓零件的加工程序。

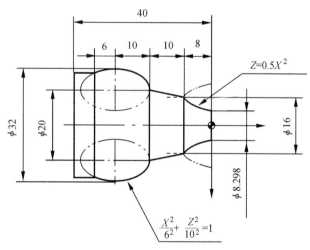

附图 1-4　含椭圆及抛物线轮廓零件

加工参考程序见附表 1-8。

附表 1-8　含椭圆及抛物线轮廓零件的粗、精加工参考程序（HNC-21/22T 系统）

序号	程　序	说　明
0	％1114	程序号（程序头）
1	T0101 G90 G95	调用01号精加工刀、01号刀补；设定绝对值编程；设定每转进给
2	M03 S1000	主轴以 1 000 r/min 正转
3	G00 X80 Z50	快速定位到换刀点

序号	程　序	说　明
4	X35 Z2 M07	冷却液开，快速定位到循环起点
5	G71 U1 R1 P10 Q20 X0.6 Z0.1 F0.1	执行粗加工循环
6	G00 X80 Z50	回换刀点
7	T0202	换 02 号精加工刀、02 号刀补
8	M03 S1200	设置精加工的主轴转速：1 200 r/min
9	G00 X35 Z2	快速定位到循环起点
10	N10 G01 X8.298 Z0 F0.05	直线进给到抛物线起点
11	#1=8	给 #1 赋初始值 8（#1 相当于自变量 Z 坐标。如附图 1-1所示，以抛物线中心为原点，抛物线起点 Z 坐标为 8，终点 Z 坐标为 0）
12	WHILE #1 GE 0	设定循环条件：#1 的值大于等于 0（相当于设定自变量的终止值为 0，即循环成立的条件是，#1 从 8 变化到 0）
13	#2=SQRT [#1/0.5]	计算 #2 的值（#2 相当于因变量 X 坐标：将抛物线方程进行转换得 $X=\sqrt{Z/0.5}$，用 #1 和 #2 分别代替公式中的 Z 和 X 即可）
14	#11=#1−8	计算 #11 的值，#11 相当于工件坐标系下抛物线上点的 Z 坐标（因抛物线中心与工件坐标系零点不重合，在 Z 方向存在偏置，所以要加上偏置值）
	#22=−#2+8	计算 #22 的值，#22 相当于编程坐标系下抛物线上的 X 坐标（因抛物线中心与工件坐标系零点不重合，在 X 方向存在偏置，因此要加上该偏置值8；同时考虑 #2 的正负，附图 1-4 使用抛物线内侧轮廓，所以 #2 取负值）
15	G01 X [2*#2] Z [#11]	直线插补到用变量表示的抛物线上的点
16	#1=#1−0.5	自变量 #1 以步长 0.5 递减（步长越小，得到的表面越光滑）
17	ENDW	循环结束
18	G01 X20 Z−18	直线插补到椭圆轮廓起点
19	#1=10	给 #1 赋初始值 10（#1 相当于自变量 Z 坐标。如附图 1-2所示，以椭圆中心为原点，椭圆轮廓起点 Z 坐标为 10，终点 Z 坐标为−6）
20	WHILE #1GE [−6]	设定循环条件：#1 的值大于等于−6（相当于设定自变量的终止值为−6，即循环成立的条件是，Z 坐标从 10 变化到−6）

序号	程　　序	说　　明
21	♯2＝6＊SQRT［1－♯1＊♯1/100］	计算♯2的值（♯2相当于因变量 X 坐标：将椭圆方程进行转换得 $X=6\sqrt{1-Z^2/100}$，用♯1和♯2分别代替公式中的 Z 和 X 即可）
22	♯11＝♯1－28	计算♯11的值，♯11相当于编程坐标系下椭圆上点的 Z 坐标（因椭圆中心与工件坐标系零点不重合，在 Z 方向存在偏置，因此要加上该偏置值－28）
23	♯22＝♯2＋10	计算♯22的值，♯22相当于编程坐标系下椭圆点的 X 坐标（因椭圆中心与工件坐标系零点不重合，在 X 方向存在偏置，因此要加上该偏置值10；同时要考虑♯2的正负，附图1-4使用了椭圆外侧轮廓，所以♯2取正值，反之取负值）
24	G01 X［2＊♯22］Z［♯11］	直线插补到用变量表示的椭圆上的点
25	♯1＝♯1－0.5	自变量♯1以步长0.5递减（步长越小，得到的表面越光滑）
26	ENDW	循环结束
27	N20 G01 Z－40	直线插补加工到终点
28	G00 X80	X 方向快速退刀
29	Z50	Z 方向快速退刀
30	M30	程序结束并返回程序起点

附录2 FANUC Oi 数控系统宏指令编程

1. 变量

FANUC 系统使用"♯"表示变量，如♯1、♯100等。变量根据变量号可以分成四种类型，具体见附表2-1。

附表2-1 变量类型

变 量 号	变量类型	功 能
♯0	空变量	该变量总是空，任何值都不能赋给该变量
♯1～♯33	局部变量	局部变量只能用在宏程序中存储数据，如运算结果之类的数据。当断电时，局部变量被初始化。调用宏程序时，自变量对局部变量赋值
♯100～♯109	公共变量	公共变量在不同的宏程序中的意义相同。断电时，变量♯500～♯999的数据被保存，不会丢失
♯500～♯999		
♯1000 以上	系统变量	系统变量用于读写 CNC 运行时的各种数据，如刀具当前位置和补偿

变量引用时，为了在程序中使用变量值，指定变量的后边跟变量号的地址。当用表达式指定变量时，要把表达式放在括号中。例如，G0 X［♯1＋♯2］F♯3。式中 X 后的坐标值就是由♯1、♯2两个变量组成的表达式来表示的。

表达式可以用于指定变量号，此时，表达式必须封闭在括号中，例如，♯［♯1＋♯2－12］。

需要注意的事项如下。

（1）宏程序中，方括号用于封闭表达式，圆括号只表示注释内容，使用变量时要注意FANUC 系统通过参数来切换圆括号和方括号。

（2）表达式可以表示变量号和变量。这两者并不一样，例如，X♯［♯1＋♯2］并不等于 X［♯1＋♯2］。

（3）当在程序中定义变量时，小数点可以省略。例如，定义♯1＝123，变量♯1的实际值就是 123.0。

（4）被引用变量的值根据地址的最小设定单位自动舍入。例如，当 G01 X♯1，以0.001 mm（由数控机床的最小脉冲当量决定）的单位执行时，CNC 把 123456 赋给变量♯1，实际指令值为 G00 X12.346。

（5）改变引用的变量值的符号，要把负号放在"♯"的前面。例如，G00 X－♯1。

（6）当变量值未定义时，这样的变量成为空变量。当引用未定义的变量时，变量及地址字都被忽略。例如，当变量♯1的值是0，并且变量♯2的值是空时，G00 X♯1 ♯2 的执行结果为 G00 X0。

（7）变量♯0总是空变量，它不能写，只能读。

2. 运算符与表达式

FANUC 系统的运算符见附表 2-2。

附表 2-2　FANUC 系统的运算符

运算符类型	运 算 符	说 明
算术运算符	＋	加
	－	减
	＊	乘
	／	除
条件运算符	EQ	等于（＝）
	NE	不等于（≠）
	GT	大于（＞）
	GE	大于等于（≥）
	LT	小于（＜）
	LE	小于等于（≤）
逻辑运算符	AND	与
	OR	或
	XOR	异或
函数运算符	SIN	正弦
	ASIN	反正弦
	COS	余弦
	ACOS	反余弦
	TAN	正切
	ATAN	反正切
	ABS	绝对值
	FUP	上取整
	FIX	下取整
	ROUND	舍入
	SQRT	平方根
	EXP	指数
	LN	自然对数

附表 2-2 中需要说明的有以下几点。

(1) 角度单位。函数 SIN、ASIN、ACOS、TAN 和 ATAN 的角度单位是度（°）。

(2) 上取整和下取整。CNC 处理数值运算时，若操作后产生的整数绝对值大于原数的绝对值为上取整；若小于原数的绝对值为下取整。对于负数的处理应小心。例如，假定 ♯1＝1.1,并且♯2＝－1.1，则：

当执行♯3＝FUP［♯1］时，2.0 赋给♯3；

当执行♯3＝FIX［♯1］时，1.0 赋给♯3；

当执行♯3＝FUP［♯2］时，－2.0 赋给♯3；

当执行♯3＝FIX［♯2］时，－1.0 赋给♯3。

(3) 运算符的优先级次序依次为：函数→乘除运算（＊、／、AND）→加减运算(＋、

一、OR、XOR）。

（4）括号嵌套。括号用于改变运算优先级，括号最多可以嵌套使用 5 级，包括函数内部使用的括号。

3．功能语句

（1）无条件转移（GOTO）语句——转移顺序号为 n 的程序段。

格式：

　　GOTOn；n 指行号

　　GOTO1；转移至标记有顺序号为 1 的程序段

　　GOTO♯10；转移至变量♯10 所决定的顺序号的程序段

（2）条件转移（IF）语句。

格式 1：IF ［表达式］GOTOn

如果指定的表达式成立，则转移到标有顺序号的程序段；如果指定的表达式不成立，则执行下一个程序段。

格式 2：IF ［表达式］THEN

如果指定的表达式成立，则执行预先决定的宏程序语句，且只执行一个宏程序语句。例如，条件语句 IF ［♯EQ♯2］THEN♯3＝0，表示如果♯1 和♯2 的值相同，则 0 赋给♯3。

（3）循环功能（WHILE）语句。

格式：WHILE ［ ］DOm；（m＝1、2、3）

　　　　…

　　　　ENDm

在 WHILE 后指定一个条件表达式，当指定条件满足时，执行从 DO 到 END 之间的程序；否则，转到 ENDm 后的程序段。

4．编程范例

（1）用 FANUC 系统宏指令编制附图 2-1 所示含抛物线轮廓零件的精加工程序。

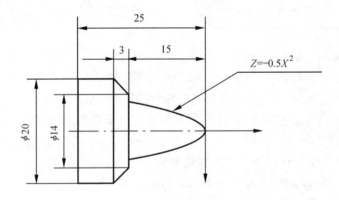

附图 2-1　含抛物线轮廓零件

精加工参考程序见附表 2-3。

附表 2-3　含抛物线轮廓零件的精加工参考程序（FANUC 系统）

序号	程　序	说　明
0	O1115	程序号（程序头）
1	T0101 G99	调用 01 号精加工刀、01 号刀补；设定每转进给
2	M03 S1000	主轴以 1 000 r/min 正转
3	G00 X80 Z50	快速定位到换刀点
4	X0 Z2	快速定位到接近工件点
5	G01 X0 Z0 F0.08 M07	直线进给到抛物线顶点
6	#1=0	给 #1 赋初始值 0（#1 相当于自变量 Z 坐标）
7	WHILE［#1GE［−15］］DO1	设定循环条件：#1 的值大于等于 −15（相当于设定自变量的终止值 −15，即循环成立的条件是，#1 从 0 变化到 −15）
8	#2=SQRT［#1/［−0.5］］	计算 #2 的值（#2 相当于因变量 X 坐标；将抛物线方程进行转换得 $X=\sqrt{Z/(-0.5)}$，用 #1 和 #2 分别代替公式中的 Z 和 X 即可）
9	G01 X［2＊#2］Z#1	直线插补到用变量表示的抛物线上的点
10	#1=#1−0.4	自变量 #1 以步长 0.4 递减（步长越小得到的表面越光滑）
11	END1	循环结束
12	G01 X14	直线插补到 X14 点
13	X20 Z−18	直线插补加工锥面
14	Z−25	直线插补加工到终点
15	G00 X80	X 方向快速退刀
16	Z50	Z 方向快速退刀
17	M30	程序结束并返回程序起点

（2）用 FANUC 系统宏指令编制附图 2-2 所示含椭圆轮廓零件的精加工程序。

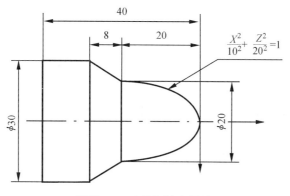

$$\frac{X^2}{10^2}+\frac{Z^2}{20^2}=1$$

附图 2-2　含椭圆轮廓零件

精加工参考程序见附表 2-4。

附表 2-4　含椭圆轮廓零件的精加工参考程序（FANUC 系统）

序号	程 序	说 明
0	O1116	程序号（程序头）
1	T0101 G99	调用 01 号精加工刀、01 号刀补；设定每转进给
2	M03 S1000	主轴以 1 000 r/min 正转
3	G00 X80 Z50	快速定位到换刀点
4	X0 Z2	快速定位到接近工件点
5	G01 X0 Z0 F0.08 M07	冷却液开，直线进给到椭圆轮廓起点
6	#1＝20	给#1 赋初始值 20（#1 相当于自变量 Z 坐标。以椭圆中心为原点，椭圆轮廓起点 Z 坐标为 20，终点 Z 坐标为 0）
7	N20 #2＝10 * SQRT [1−#1 * #1/400]	计算#2 的值（#2 相当于因变量 X 坐标；将椭圆方程进行转换得 $X=10\sqrt{1-Z^2/400}$，用#1 和#2 分别代替公式中的 Z 和 X 即可）
8	#11＝#1−20	计算#11 的值，#11 相当于编程坐标系下椭圆上点的 Z 坐标（因椭圆中心与工件坐标系零点不重合，在 Z 方向存在偏置，因此要加上该偏置值−20）
9	G01 X [2 * #2] Z#11	直线插补到用变量表示的椭圆上的点
10	#1＝#1−0.5	自变量#1 以步长 0.5 递减（步长越小，得到的表面越光滑）
11	IF [#1 GE 0] GOTO 20	如果#1 的值大于等于 0 成立，程序跳转到标记为 N20 的程序段（相当于设定自变量的终止值为 0）
12	G01 X30 Z−28	直线插补加工锥面
13	Z−40	直线插补加工到终点
14	G00 X80	X 方向快速退刀
15	Z50	Z 方向快速退刀
16	M30	程序结束并返回程序起点

（3）用 FANUC 系统宏指令编制附图 2-3 所示含椭圆轮廓零件的精加工程序。

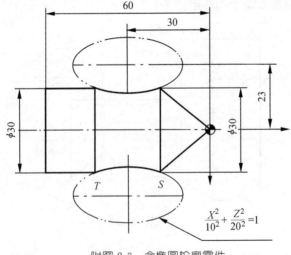

附图 2-3　含椭圆轮廓零件

椭圆方程式是以椭圆中心为坐标原点的方程式。起点 S 和终点 T 的 X 坐标相同，即 $X_S = X_T = 23 - 15 = 8$，将其代入椭圆方程即可求得起点 S 和终点 T 的 Z 坐标。即

$$Z_S = -Z_T = 20 \times \sqrt{1 - \frac{8^2}{10^2}} = 12$$

在编程坐标系下椭圆起点的坐标 $Z = -(30 - 12) = -18$。

精加工参考程序见附表 2-5。

附表 2-5　含椭圆轮廓零件的精加工参考程序（FANUC 系统）

序号	程　　序	说　　明
0	O1117	程序号（程序头）
1	T0101 G99	调用 01 号精加工刀、01 号刀补；设定每转进给
2	M03 S1000	主轴以 1 000 r/min 正转
3	G00 X80 Z50	快速定位到换刀点
4	X0 Z2	快速定位到接近工件点
5	G01 X0 Z0 F0.08 M07	冷却液开，直线进给到圆锥顶点
6	X30 Z−18	直线进给到椭圆轮廓起点
7	♯1＝12	给♯1赋初始值12（♯1相当于自变量 Z 坐标。以椭圆中心为原点，椭圆轮廓起点 Z 坐标为12，终点 Z 坐标为−12）
8	WHILE［♯1GE［−12］］DO2	设定循环条件：♯1 的值大于等于−12（相当于设定自变量的终止值为−12，即循环成立的条件是，Z 坐标从12变化到−12）
9	♯2＝10＊SQRT［1−♯1＊♯1/400］	计算♯2的值（♯2相当于因变量 X 坐标：将椭圆方程进行转换得 $X = 10\sqrt{1 - Z^2/400}$，用♯1和♯2分别代替公式中的 Z 和 X 即可）
10	♯11＝♯1−30	计算♯11的值，♯11相当于编程坐标系下椭圆上点的 Z 坐标（因椭圆中心与工件坐标系零点不重合，在 Z 方向存在偏置，因此要加上该偏置值−30）
11	♯22＝−♯2+23	计算♯22的值，♯22相当于编程坐标系下椭圆点的 X 坐标（因椭圆中心与工件坐标系零点不重合，在 X 方向存在偏置，因此要加上该偏置值23；同时要考虑♯2的正负，附图2-3使用了椭圆内侧轮廓，所以♯2取负值，反之取正值）
12	G01 X［2＊♯22］Z［♯11］	直线插补到用变量表示的椭圆上的点
13	♯1＝♯1−0.5	自变量♯1以步长0.5递减（步长越小，得到的表面越光滑）
15	END1	循环结束
16	G01 Z−60	直线插补加工到终点
17	G00 X80	X 方向快速退刀
18	Z50	Z 方向快速退刀
19	M30	程序结束并返回程序起点

（4）用 FANUC 系统宏指令编制附图 2-4 所示含椭圆及抛物线轮廓零件的加工程序。

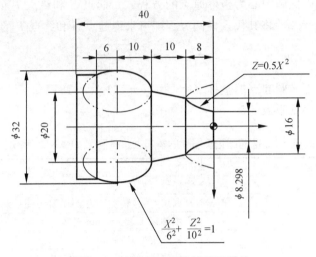

附图 2-4 含椭圆及抛物线轮廓零件

加工参考程序见附表 2-6。

附表 2-6 含椭圆及抛物线轮廓零件的粗、精加工参考程序（FANUC 系统）

序号	程　序	说　明
0	O1118	程序号（程序头）
1	T0101 G99	调用 01 号精加工刀、01 号刀补；设定每转进给
2	M03 S1000	主轴以 1 000 r/min 正转
3	G00 X80 Z50	快速定位到换刀点
4	X35 Z2 M07	冷却液开，快速定位到循环起点
5	G73 U5.0 W3.0 R5.0 G73 P10 Q20 U0.6 W0.1 F0.1	执行粗加工循环
6	G00 X80 Z50	回换刀点
7	T0202	换 02 号精加工刀、02 号刀补
8	M03 S1200	设置精加工的主轴转速：1 200 r/min
9	G00 X35 Z2	快速定位到循环起点
10	N10 G01 X8.298 Z0 F0.05	直线进给到抛物线起点
11	#1＝8	给 #1 赋初始值 8（#1 相当于自变量 Z 坐标。以抛物线中心为原点，抛物线起点 Z 坐标为 8，终点 Z 坐标为 0）
12	WHILE［#1 GE 0］DO1	设定循环条件：#1 的值大于等于 0（相当于设定自变量的终止值为 0，即循环成立的条件是：#1 从 8 变化到 0）
13	#2＝SQRT［#1/0.5］	计算 #2 的值（#2 相当于因变量 X 坐标：将抛物线方程进行转换得 $X=\sqrt{Z/0.5}$，用 #1 和 #2 分别代替公式中的 Z 和 X 即可）
14	#11＝#1-8	计算 #11 的值（因抛物线中心与工件坐标系零点不重合，在 Z 方向存在偏置，所以考虑该偏置的 #11 相当于工件坐标系下抛物线上点的 Z 坐标）

序号	程　　序	说　　明
15	#22=−#2+8	计算#22的值，#22相当于编程坐标系下抛物线上的 X 坐标（因抛物线中心与工件坐标系零点不重合，在 X 方向存在偏置，因此要加上该偏置值8；同时考虑#2的正负，附图 2-4 使用抛物线内侧轮廓，所以#2取负值）
16	G01 X [2 * #22] Z [#11]	直线插补到用变量表示的抛物线上的点
17	#1=#1−0.5	自变量#1以步长 0.5 递减（步长越小，得到的表面越光滑）
18	END1	循环结束
19	G01 X20 Z−18	直线插补到椭圆轮廓起点
20	#1=10	给#1赋初始值 10（#1相当于自变量 Z 坐标。以椭圆中心为原点，椭圆轮廓起点 Z 坐标为 10，终点 Z 坐标为−6）
21	WHILE [#1GE [−6]] DO2	设定循环条件：#1的值大于等于−6（相当于设定自变量的终止值为−6，即循环成立的条件是，Z 坐标从 10 变化到 −6）
22	#2=6 * SQRT [1−#1 * #1/100]	计算#2的值（#2相当于因变量 X 坐标：将椭圆方程进行转换得 $X=6\sqrt{1-Z^2/100}$，用#1和#2分别代替公式中的 Z 和 X 即可）
23	#11=#1−28	计算#11的值，#11相当于编程坐标系下椭圆上点的 Z 坐标（因椭圆中心与工件坐标系零点不重合，在 Z 方向存在偏置，因此要加上该偏置值−28）
24	#22=#2+10	计算#22的值，#22相当于编程坐标系下椭圆点的 X 坐标（因椭圆中心与工件坐标系零点不重合，在 X 方向存在偏置，因此要加上该偏置值 10；同时要考虑#2的正负，附图 2-4 使用了椭圆外侧轮廓，所以#2取正值，反之取负值）
25	G01 X [2 * #22] Z#11	直线插补到用变量表示的椭圆上的点
26	#1=#1−0.5	自变量#1以步长 0.5 递减（步长越小，得到的表面越光滑）
27	END2	循环结束
28	N20 G01 Z−40	直线插补加工到终点
29	G70 P10 Q20	精加工循环
30	G00 X80	X 方向快速退刀
31	Z50	Z 方向快速退刀
32	M30	程序结束并返回程序起点

附录3 西门子 802D 数控系统宏指令编程

1. 参数

1）可供使用的参数

R0～R99：可以自由使用。

R100～R249：加工循环传递参数。

R250～R299：用于加工循环的内部计算参数，如果没有用到加工循环，则这部分计算参数也可以自由使用。

2）参数的数值范围

参数的数值范围为：$\pm$（0.0000 001～99 999 999）

用指数表示法可以赋值更大的数值范围：$\pm$（10^{-300}～10^{300}）

举例：

R0＝－0.1EX－5（意义：R0＝－0.000 001）

R1＝1.872EX8（意义：R1＝187 200 000）

说明：

（1）在一个程序段中可以有多个赋值语句，也可以用计算表达式赋值；

（2）赋值时在地址符之后写入符号"＝"；

（3）给坐标轴地址（运行指令）赋值时，要求有一个独立的程序段；

（4）给坐标轴参数赋值时也遵循通常的数学运算规则，即圆括号内的运算优先进行，乘法和除法运算优先于加法和减法运算；

（5）角度的计算单位为度。

2. 运算符

（1）运算符见附表 3-1。

附表 3-1 西门子 802D 系统的运算符

运算符类型	运 算 符	说 明
算术运算符	＋	加
	－	减
	＊	乘
	／	除
条件运算符	＝＝	等于
	＜＞	不等于
	＞	大于
	＞＝	大于等于
	＜	小于
	＜＝	小于等于
逻辑运算符	AND	与
	OR	或
	XOR	异或

续表

运算符类型	运　算　符	说　　明
函数运算符	SIN	正弦
	COS	余弦
	TAN	正切
	ABS	绝对值
	TRUNC	取整
	SQRT	平方根

（2）参数运算的次序。R 参数的运算次序依次为：函数运算（SIN、COS、TAN 等）→加和减运算（＋、－、OR、XOR 等）。例如，R1＝R2＋R3＊SIN（R4）的运算次序为：

- 函数 SIN（R4）；
- 乘和除运算 R3＊SIN（R4）；
- 加和减运算 R2＋R3＊SIN（R4）。

在 R 参数的运算过程中，允许使用括号，以改变运算次序，且括号允许嵌套使用。

3. 标记符

标记符用于标记程序中所跳转的目标程序段，用跳转功能可以实现程序的运行分支。标记符可以自由选取，但必须由 2～8 个字母或数字组成，其中开始两个符号必须是字母或下划线。跳转目标程序段中标记符后面必须为冒号。标记符位于程序段段首。如果程序段有顺序号，则标记符紧跟着顺序号。

在一个程序中，标记符不能有其他意义。例如，

N10 MARKE1：G1 X20；MARKE1 为标记符，跳转目标程序段有顺序号

TR789：G0 X10 Z20；TR789 为标记符，跳转目标程序段没有顺序号

4. 跳转语句

1）无条件跳转语句（绝对跳转语句）

格式：GOTOB LABEL；朝程序开始的方向跳转

　　　GOTOF LABEL；朝程序结束的方向跳转

LABEL 为跳转目的（程序内标记符）。"LABEL"在标记程序段中必须加"："，而在跳转程序段中不能加"："。

以下是一个程序段。

…

N20 GOTOF MARK2（向前跳转到 MARK2）

N30 MARK1：R1＝R1＋R2（MARK1）；

…

N60 MARK2：R5＝R5－R2（MARK2）；

…

N100 GOTOB MARK；（向后跳转到 MARK1）

此例中，GOTOF 为无条件跳转指令。当程序执行到 N20 段时，无条件向前跳转到标

记符"MARK2"（即程序段 N60）处执行，当执行到 N100 段时，又无条件向后跳转到标记符"MARK1"（即程序段 N30）处执行。

2）有条件跳转

格式：IF"条件"GOTOB LABEL

　　　IF"条件"GOTOF LABEL

IF 为跳转条件的导入符。跳转的"条件"（当条件写入后，格式中不能有""）既可以是任何单一比较运算，也可以是逻辑操作（结果为 TRUE（真）或 FALSE（假），如果结果为 TRUE，则实行跳转）。

以下语句：

IF R1＞R2 GOTOB MA1；

中，该条件为单一比较式，如果 R1＞R2，那么就跳转到 MA1。

5．编程范例

(1) 用西门子 802D 系统宏指令编制附图 3-1 所示含抛物线轮廓零件的精加工程序。

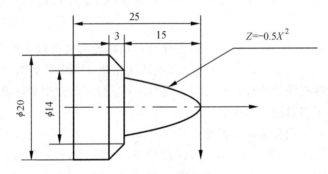

附图 3-1　含抛物线轮廓零件

精加工参考程序见附表 3-2。

附表 3-2　含抛物线轮廓零件的精加工参考程序（西门子 802D 系统）

序号	程　　序	说　　明
0	SMZ01	文件名
1	T01D01 G90 G95	调用 01 号精加工刀、01 号刀补；设定绝对值编程；设定每转进给
2	M03 S1000	主轴以 1 000 r/min 正转
3	G00 X80 Z50	快速定位到换刀点
4	X0 Z2	快速定位到接近工件点
5	G01 X0 Z0 F0.08 M07	直线进给到抛物线顶点
6	R1＝0	给 R1 赋初始值 0（R1 相当于自变量 Z 坐标）
7	MA1：R2＝SQRT（−R1/0.05）	计算 R2 的值，并将该程序段标记为"MA1"（R2 相当于因变量 X 坐标；将抛物线方程进行转换得 $X=\sqrt{Z/(-0.5)}$，用 R1 和 R2 分别代替公式中的 Z 和 X 即可）

序号	程　　序	说　　明
8	G01 X＝2 * R2 Z＝R1	直线插补到用变量表示的抛物线上的点
9	R1＝R1－0.4	自变量 R1 以步长 0.4 递减（步长越小，得到的表面越光滑）
10	IF R1＞＝－15 GOTOB MA1	如果 R1 的值大于等于－15 成立，程序向后跳转到标记为"MA1"的程序段（相当于设定自变量的终止值－15）
11	G01 X14	直线插补到 X14 点
12	X20 Z－18	直线插补加工锥面
13	Z－25	直线插补加工到终点
14	G00 X80	X 方向快速退刀
15	Z50	Z 方向快速退刀
16	M30	程序结束并返回程序起点

（2）用西门子 802D 系统宏指令编制附图 3-2 所示含椭圆轮廓零件的精加工程序。

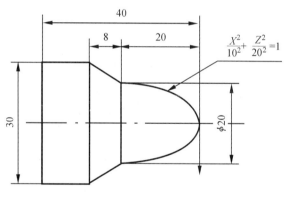

$$\frac{X^2}{10^2}+\frac{Z^2}{20^2}=1$$

附图 3-2　含椭圆轮廓零件

精加工参考程序见附表 3-3。

附表 3-3　含椭圆轮廓零件的精加工参考程序（西门子 802D 系统）

序号	程　　序	说　　明
0	SMZ02	文件名
1	T01D01 G90 G95	调用 01 号精加工刀、01 号刀补；设定绝对值编程；设定每转进给
2	M03 S1000	主轴以 1 000 r/min 正转
3	G00 X80 Z50	快速定位到换刀点
4	X0 Z2	快速定位到接近工件点
5	G01 X0 Z0 F0.08 M07	冷却液开，直线进给到椭圆轮廓起点

续表

序号	程　序	说　明
6	R1＝20	给♯1赋初始值20（♯1相当于自变量Z坐标。如附图3-2所示，以椭圆中心为原点，椭圆轮廓起点Z坐标为20，终点Z坐标为0）
7	MA1：R2＝10＊SQRT（1－R1＊R1/400）	计算R2的值（R2相当于因变量X坐标；将椭圆方程进行转换得$X=10\sqrt{1-Z^2/400}$，用R1和R2分别代替公式中的Z和X即可）
9	R11＝R1－20	计算R11的值，R11相当于编程坐标系下椭圆上点的Z坐标（因椭圆中心与工件坐标系零点不重合，在Z方向存在偏置，因此要加上该偏置值－20）
10	G01 X＝2＊R2 Z＝R11	直线插补到用变量表示的椭圆上的点
11	R1＝R1－0.5	自变量♯1以步长0.5递减（步长越小，得到的表面越光滑）
12	IF R1＞＝0 GOTOB MA1	如果R1的值大于等于0成立，程序向后跳转到标记为"MA1"的程序段（相当于设定自变量的终止值0）
13	G01 X30 Z－28	直线插补加工锥面
14	Z－40	直线插补加工到终点
15	G00 X80	X方向快速退刀
16	Z50	Z方向快速退刀
17	M30	程序结束并返回程序起点

（3）用西门子802D系统宏指令编制附图3-3所示含椭圆轮廓零件的精加工程序。

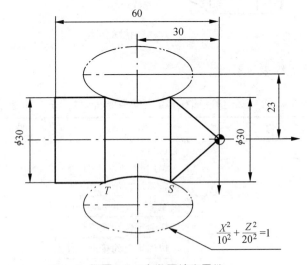

附图3-3　含椭圆轮廓零件

椭圆方程式是以椭圆中心为坐标原点的方程式。起点 S 和终点 T 的 X 坐标相同，即 $X_S = X_T = 23 - 15 = 8$，将其代入椭圆方程即可求得起点 S 和终点 T 的 Z 坐标。即

$$Z_S = -Z_T = 20 \times \sqrt{1 - \frac{8^2}{10^2}} = 12$$

在编程坐标系下椭圆起点的坐标 $Z = -(30 - 12) = -18$

精加工参考程序见附表 3-4。

附表 3-4　含椭圆轮廓零件的精加工参考程序（西门子 802D 系统）

序号	程 序	说 明
0	SMZ03	文件名
1	T01D01 G90 G95	调用 01 号精加工刀、01 号刀补；设定绝对值编程；设定每转进给
2	M03 S1000	主轴以 1 000 r/min 正转
3	G00 X80 Z50	快速定位到换刀点
4	X0 Z2	快速定位到接近工件点
5	G01 X0 Z0 F0.08 M07	冷却液开，直线进给到圆锥顶点
6	X30 Z−18	直线进给到椭圆轮廓起点
7	R1=12	给 R1 赋初始值 12（R1 相当于自变量 Z 坐标。以椭圆中心为原点，椭圆轮廓起点 Z 坐标为 12，终点 Z 坐标为−12）
8	MA1: R2=10 * SQRT（1−R1 * R1/400）	计算 R2 的值（R2 相当于因变量 X 坐标：将椭圆方程进行转换得 $X = 10\sqrt{1 - Z^2/400}$，用 R1 和 R2 分别代替公式中的 Z 和 X 即可）
9	R11=R1−30	计算 R11 的值，R11 相当于编程坐标系下椭圆上点的 Z 坐标（因椭圆中心与工件坐标系零点不重合，在 Z 方向存在偏置，因此要加上该偏置值−30）
10	R22=−R2+23	计算 R22 的值，R22 相当于编程坐标系下椭圆点的 X 坐标（因椭圆中心与工件坐标系零点不重合，在 X 方向存在偏置，因此要加上该偏置值 23；同时要考虑 R2 的正负，附图 3-3 使用了椭圆内侧轮廓，所以 R2 取负值，反之取正值）
11	G01 X=2 * R22 Z=R11	直线插补到用变量表示的椭圆上的点
12	R1=R1−0.5	自变量 R1 以步长 0.5 递减（步长越小，得到的表面越光滑）
13	IF R1>=−12 GOTOB MA1	如果 R1 的值大于等于 12 成立，程序向后跳转到标记为"MA1"的程序段（相当于设定自变量的终止值 0）
14	G01 Z−60	直线插补加工到终点
15	G00 X80	X 方向快速退刀
16	Z50	Z 方向快速退刀
17	M30	程序结束并返回程序起点

（4）用西门子 802D 系统宏指令编制附图 3-4 所示含椭圆及抛物线轮廓零件的精加工程序。

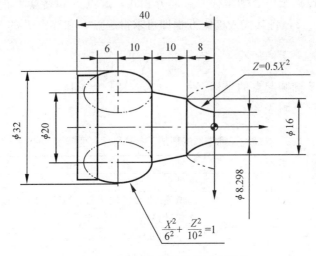

附图 3-4　含椭圆及抛物线轮廓零件

精加工参考程序见附表 3-5。

附表 3-5　含椭圆及抛物线轮廓零件的粗、精加工参考程序（西门子 802D 系统）

序号	程　　　序	说　　　明
0	SMZ04	文件名
1	T01D01 G90 G95	调用 01 号精加工刀、01 号刀补；设定绝对值编程；设定每转进给
2	M03 S1200	主轴以 1 200 r/min 正转
3	G00 X80 Z50	快速定位到换刀点
4	X35 Z2 M07	冷却液开，快速定位到加工起点
5	N10 G01 X8.298 Z0 F0.05	直线进给到抛物线起点
6	R1＝8	给 R1 赋初始值 8（R1 相当于自变量 Z 坐标。以抛物线中心为原点，抛物线起点 Z 坐标为 8，终点 Z 坐标为 0）
7	MA1：R2＝SQRT［R1/0.5］	计算 R2 的值（R2 相当于因变量 X 坐标：将抛物线方程进行转换得 $X=\sqrt{Z/0.5}$，用 R1 和 R2 分别代替公式中的 Z 和 X 即可）
8	R11＝R1－8	计算 R11 的值（因抛物线中心与工件坐标系零点不重合，在 Z 方向存在偏置，所以考虑该偏置的 R11 相当于工件坐标系下抛物线上点的 Z 坐标）
9	R22＝－R2＋8	计算 R22 的值，R22 相当于编程坐标系下抛物线上的 X 坐标（因抛物线中心与工件坐标系零点不重合，在 X 方向存在偏置，因此要加上该偏置值 8，同时要考虑 R2 的正负，附图 3-4 使用了抛物线内侧轮廓，所以 R2 取负值）
10	G01 X＝2＊R22 Z＝R11	直线插补到用变量表示的抛物线上的点

续表

序号	程　　序	说　　明
11	R1＝R1－0.5	自变量 R1 以步长 0.5 递减（步长越小，得到的表面越光滑）
12	IF R1＞0 GOTOB MA1	如果 R1 的值大于等于 0 成立，程序向后跳转到标记为"MA1"的程序段（相当于设定自变量的终止值 0）
13	G01 X20 Z－18	直线插补到椭圆轮廓起点
14	R3＝10	给 R3 赋初始值 10（R3 相当于自变量 Z 坐标。以椭圆中心为原点，椭圆轮廓起点 Z 坐标为 10，终点 Z 坐标为－6）
15	MA2：R4＝6 * SQRT（1－R3 * R3/100）	计算 R4 的值（R4 相当于因变量 X 坐标：将椭圆方程进行转换得 $X=6\sqrt{1-Z^2/100}$，用 R3 和 R4 分别代替公式中的 Z 和 X 即可）
16	R33＝R3－28	计算 R33 的值，R33 相当于编程坐标系下椭圆上点的 Z 坐标（因椭圆中心与工件坐标系零点不重合，在 Z 方向存在偏置，因此要加上该偏置值－28）
17	R44＝ R4＋10	计算 R44 的值，R44 相当于编程坐标系下椭圆点的 X 坐标（因椭圆中心与工件坐标系零点不重合，在 X 方向存在偏置，因此要加上该偏置值 10，同时要考虑 R4 的正负。附图 3-4 使用了椭圆外侧轮廓，所以 R4 取正值，反之取负值）
18	G01 X＝2 * R44 Z＝R33	直线插补到用变量表示的椭圆上的点
19	R3＝R3－0.5	自变量 R3 以步长 0.5 递减（步长越小，得到的表面越光滑）
20	IF R3＞＝－6 GOTOB MA2	如果 R1 的值大于等于－6 成立，程序向后跳转到标记为"MA2"的程序段（相当于设定自变量的终止值 0）
21	N20 G01 Z－40	直线插补加工到终点
22	G00 X80	X 方向快速退刀
23	Z50	Z 方向快速退刀
24	M30	程序结束并返回程序起点

附录 4　FANUC 数控系统编程指令

1. FANUC 系统常用准备功能

FANUC 系统常用准备功能见附表 4-1。

附表 4-1　FANUC 系统常用准备功能

代　码	组　　别	功　　能	模　态
G00	01	快速移动	*
G01		直线插补	
G02		顺时针圆弧插补	
G03		逆时针圆弧插补	
G04	00	进给暂停	
G20	06	英制输入	*
G21		公制输入	
G22	04	内部行程限位有效	*
G23		内部行程限位无效	
G27	00	检查参考点返回	
G28		自动返回原点	
G29		从参考点返回	
G30		返回第二参考点	
G32	01	切螺纹	
G40	07	刀尖半径补偿方式取消	*
G41		调用刀尖半径左补偿	
G42		调用刀尖半径右补偿	
G50	00	设定零件坐标系	
G70	00	精加工循环	
G71		外径、内径固定循环	
G72		端面粗加工循环	
G73		闭合车削循环	
G74		Z 向步进钻孔	
G75		X 向切槽	
G76		切螺纹环	
G80	10	取消固定循环	*
G83		钻孔循环	
G84		攻螺纹循环	
G85		正面镗孔循环	
G87		侧面钻孔循环	
G88		侧面攻螺纹循环	
G89		侧面镗孔循环	
G90	01	单一固定循环	*
G92		螺纹车削循环	
G94		端面车削循环	

续表

代　码	组　别	功　能	模　态
G96	12	主轴转速恒转速控制	*
G97		取消主轴转速恒转速控制	
G98	05	每分钟进给速度（mm/min）	*
G99		每转进给速度（mm/r）	

注：G功能以组别不同可分为两大类。属于"00"组别者，为非续效指令（非模态指令），即该指令的功能只在该程序段执行时有效，其功能不会延续到下一程序段。属于"非00"组别者，为续效指令（模态指令），即该指令的功能除在该程序段执行时有效外，若下一程序段仍要使用该相同功能，则不需再指令一次，其功能会自动延续到下一程序段，直到被同一组别的指令取代为止。

不同组别的G功能可以在同一程序段中使用。但若是同一组别的G功能，在同一程序段中出现两个或两个以上时，则以最后面的G功能有效。

2. FANUC系统常用辅助功能

FANUC系统常用辅助功能见附表4-2。

附表4-2　FANUC系统常用辅助功能

代　码	功　能	说　明
M00	程序停止	程序中若使用M00指令，当执行到M00指令时，程序即停止执行，且主轴停止、切削液关闭，若再执行下一程序段，只要按下循环启动（CYCLE START）键即可
M01	程序有条件停止	M01指令必须配合执行操作面板上的选择性停止功能键OPT STOP一起使用，若此键"灯亮"时，表示"ON"，则执行至M01时，功能与M00相同；若此键"灯熄"时，表示"OFF"，则执行至M01时，程序不会停止，继续往下执行
M02	程序结束	该指令应置于程序最后，表示程序执行到此结束。该指令会自动将主轴停止（M05）及关闭切削液（M09），但程序执行指针不会自动回到程序的开头
M03	主轴正转	程序执行至M03，主轴即正方向旋转（由主轴向尾座看，顺时针方向旋转）
M04	主轴反转	程序执行至M04，主轴即反方向旋转（由主轴向尾座看，逆时针方向旋转）
M05	主轴停止	程序执行至M05，主轴即瞬间停止，该指令用于下列情况： ① 程序结束前（一般常可省略，因为M02、M30指令，都包含M05）； ② 若数控车床用主轴高速挡（M43）、主轴低速挡（M41）指令时，在换挡之前，必须使用M05，使主轴停止，再换挡，以免损坏换挡机构； ③ 主轴正、反转之间的转换，也必须加入此指令，使主轴停止后，再变换转向指令，以免伺服电动机受损
M08	切削液开	程序执行至M08，即启动润滑油泵，但必须配合执行操作面板上的CLNT AUTO键，使系统处于"ON"（灯亮）状态，否则无效
M09	切削液关	该指令用于程序执行完毕之前，将润滑油泵关闭，停止喷切削液，该指令常可省略，因为M02、M30指令都包含M09

续表

代 码	功 能	说 明
M30	程序结束并返回起点	该指令应置于程序最后，表示程序执行到此结束。该指令会自动将主轴停止（M05）及关闭切削液（M09），且程序执行指针会自动回到程序的开头，以方便此程序再次被执行
M98	子程序调用	当程序执行 M98 指令时，控制器即调用 M98 所指定的子程序出来执行
M99	子程序结束	该指令用于子程序最后程序段，表示子程序结束，且程序执行指针跳回主程序中 M98 的下一程序段继续执行 M99 指令也可用于主程序最后程序段，此时程序执行指针会跳回主程序的第一程序段继续执行此程序，所以此程序将一直重复执行，除非按下 RESERT 键

注：使用 M 指令时，程序段只允许出现一个，若同时出现两个以上，则只有最后面的 M 代码有效，前面的 M 代码将被忽略而不执行。

3. 复合循环指令

1）外圆粗车循环指令（G71）

该指令适用于用圆柱棒料粗车阶梯轴的外圆或内孔需切除较多余量时的情况。

指令格式：G71 UΔd Re

　　　　　G71 Pns Qnf UΔu WΔw FΔf

该指令只需指定粗加工背吃刀量、精加工余量和精加工路线，系统便可自动给出粗加工路线和加工次数，完成各外圆表面的粗加工。

指令中各项的意义如下。

Δd：每次切削的背吃刀量，即 X 轴向的进刀，半径值，一般 45 钢件取 1.5～2 mm，铝件取 1.5～3 mm。

e：每次切削结束的退刀量，半径值，一般取 0.5～1 mm。

ns：指定精加工路线的第一个程序段的段号。

nf：指定精加工路线的最后一个程序段的段号。

Δu：X 轴方向精加工余量，以直径值表示，一般取 0.5 mm，加工内径轮廓时，为负值。

Δw：Z 轴方向精加工余量，一般取 0.05～0.1 mm。

Δf：粗车时的进给量。

2）固定形状粗车循环指令（G73）

G73 指令用于零件毛坯已基本成型的铸件或锻件的加工。铸件或锻件的形状与零件轮廓相接近，这时若仍使用 G71 指令，则会产生许多无效切削而浪费加工时间。

指令格式：G73 UΔi WΔk Rd；

　　　　　G73 Pns Qnf UΔu WΔw FΔf；

该指令只需指定粗加工循环次数、精加工余量和精加工路线，系统便会自动算出粗加工的背吃刀量，给出粗加工路线，完成各外圆表面的粗加工。

指令中各项的意义如下。

Δi：X 轴方向总退刀量，以半径值表示，当向 +X 轴方向退刀时，该值为正，反之为负。

Δk：Z 轴方向总退刀量，当向＋X 轴方向退刀时，该值为正，反之为负。

ns：指定精加工路线的第一个程序段的段号。

nf：指定精加工路线的最后一个程序段的段号。

Δu：X 轴方向精加工余量，以直径值表示，一般取 0.5 mm，加工内径轮廓时，为负值。

Δw：Z 轴方向精加工余量，一般取 0.05～0.1 mm。

Δf：粗车时的进给量。

3）精加工循环指令（G70）

G70 指令用于切除按 G71 或 G73 指令粗加工后留下的加工余量。

程序格式：G70　Pns　Qnf

（1）指令中各项的意义如下。

ns：指定精加工路线的第一个程序段的段号。

nf：指定精加工路线的最后一个程序段的段号。

（2）必须先使用 G71 或 G73 指令后，才可使用 G70 指令。

（3）在 G70 指令指定的顺序号为 ns 到顺序号为 nf 间精加工的程序段中，不能调用子程序。

（4）在精加工循环 G70 指令下，顺序号为 ns 到顺序号为 nf 程序中指定的 F、S、T 有效；当顺序号为 ns 到顺序号为 nf 程序中不指定 F、S、T 时，粗加工循环（G71、G73）中指定的 F、S、T 有效。

（5）精加工时的 S 也可以在 G70 指令前，在换精车刀时同时指定。

（6）使用 G71、G73、G70 指令的程序必须储存于 CNC 控制器的内存中，即有复合循环指令的程序不能通过计算机，以边传输边加工的方式控制 CNC 机床。

4. 编程范例

已知毛坯为 $\phi65\times1\,000$ 的棒料，材料为 45 钢，设背吃刀量不大于 2.5 mm，所有加工面的表面粗糙度为 $Ra1.6$。编制附图 4-1 所示零件的粗、精加工程序。

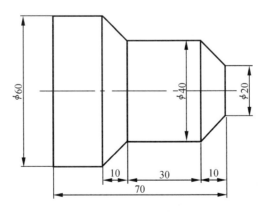

附图 4-1　综合练习零件图

1）工艺路线确定

该零件由多个外圆柱面和圆锥面组成，有较高的表面粗糙度要求。零件材料为 45 钢，满足切削加工性能较好，无热处理硬度好的要求。加工顺序按由粗到精、由右到左的原则，即先从右向左进行粗车（留 0.5 mm 精车余量），然后从右向左进行精车，最后切断。

2）加工过程

（1）用三爪自定心卡盘夹住毛坯，外伸 90 mm，找正。

（2）对刀，设置编程原点为零件的右端面中心。

（3）粗、精车端面、外圆面。

（4）切断。

3）选择车刀

（1）选硬质合金 93°半精加工偏刀，用于粗加工所有外圆面，刀尖半径 $R=0.4$ mm，刀尖方位 $T=3$，置于 T01 刀位。

（2）选硬质合金切刀（刀宽为 4 mm），以左刀尖为刀位点，用于切断，置于 T03 刀位。

数控加工刀具卡见附表 4-3。

附表 4-3　数控加工刀具卡

产品名称或代号			零件名称			零件图号		
序号	刀具号	刀具名称	数量	加工表面	刀尖半径 R/mm	刀尖方位 T	备注
1	T01	硬质合金外圆 93°偏刀	1	粗、精车外圆面	0.4	3	
2	T03	硬质合金切刀	1	切断	—	8	
编制		审核		批准		共 1 页	第 1 页

4）确定切削用量

数控加工工序卡见附表 4-4。

附表 4-4　数控加工工序卡

单位名称		产品名称或代号		零件名称		零件图号	
工序号	程序编号	夹具名称		使用设备		车间	
		三爪自定心卡盘		CK6140 数控车床		数控车间	
工步号	工步内容	刀具号	刀具规格 R/mm	主轴转速 n/(r/min)	进给量 f/(mm/r)	背吃刀量 a_p/mm	备注
1	粗车外圆面	T01	0.4	600	0.25	2.5	
2	精车外圆面	T01	0.4	800	0.1	0.5	
3	切断	T03	—	300	0.05	4	
编制		审核		批准		日期		共 1 页	第 1 页

（5）**参考程序**

数控加工程序单见附表 4-5。

附表 4-5　数控加工程序单

程序号：01005

程序段号	程序内容	说明
N10	G40 G97 G99 M03 S600 F0.25；	取消刀具补偿，主轴正转，转速 600 r/min
N20	T0101；	换 01 号刀到位
N30	M08；	打开切削液
N40	G00 X60.0 Z2.0 G42；	快速进刀至切入点，建立刀具右补偿
N50	G71 U2.0 R0.5；	定义粗车循环，背吃刀量 2 mm，退刀量 0.5 mm
N60	G71 P70 Q140 U0.5 W0.05；	精车路线由 N70、N140 指定，X 轴方向精车余量 0.5 mm，Z 轴方向精车余量 0.05 mm
N70	G00 X0.0 S800；	快速进刀，设主轴转速 600 r/min
N80	G01 F0.1 Z0.0；	设进给量 0.1 mm
N90	X20.0；	
N100	X40.0 Z−10.0；	
N110	Z−40.0；	
N120	X60.0 Z−50.0；	精加工轮廓
N130	Z−75.0；	
N140	G00 X67.0 G40；	
N150	G70 P70 Q140；	定义 G70 精车循环，精车各外圆表面
N160	G00 X200.0 Z100.0；	快速回换刀点
N170	M09；	关闭切削液
N180	T0303；	换 03 号刀到位
N190	M08；	打开切削液
N200	G00 X65.0 Z−74.0 S300；	快速进刀
N210	G01 F0.05 X0.0；	切断
N220	G00 X200.0 Z100.0；	快速返回换刀点
N230	M30；	程序结束

附录5　SINUMERIK 802D 数控系统编程指令

1. SINUMERIK 802D 常用 G 代码

SINUMERIK 802D 常用 G 代码见附表 5-1。

附表 5-1　SINUMERIK 802D 常用 G 代码

分类	分组	代码	意　义	格　式	参数意义
插补	1	G0	快速插补（笛卡尔坐标）	G0 X... Z...	
		G1 *	直线插补（笛卡尔坐标）	G1 X... Z... F...	
		G2	在圆弧轨迹上以顺时针方向运行	G2 X... Z... I... K... F...	圆心和终点
				G2 X... Z... CR=... F...	半径和终点
				G2 AR=... I... K... F...	张角和圆心
				G2 AR=... X... Z... F...	张角和终点
		G3	在圆弧轨迹上以逆时针方向运行	G3 X... Z... I... K... F...	圆心和终点
				G3 X... Z... CR=... F...	半径和终点
				G3 AR=... I... K... F...	张角和圆心
				G3 AR=... X... Z... F...	张角和终点
		G33	恒螺距的螺纹切削	G33 Z... K... SF=...	圆柱螺纹
				G33 X... I... SF=...	横向螺纹
				G33 Z... X... K... SF=...	锥螺纹，Z 方向位移大于 X 方向位移
				G33 Z... X... I... SF=... V	锥螺纹，X 方向位移大于 Z 方向位移
增量设置	14	G90 *	绝对尺寸	G90	
		G91	增量尺寸	G91	
单位	13	G70	英制尺寸	G70	
		G71 *	公制尺寸	G71	
选择工作面	6	G17	工作面 X/Y（在加工中心孔时要求）	G17	
		G18 *	工作面 Z/X	G18	
工件坐标	3	G53	按程序段方式取消可设定零点设置	G53	
		G500 *	取消可设定零点设置	G500	
	8	G54	第一可设定零点偏值	G54	
		G55	第二可设定零点偏值	G55	
		G56	第三可设定零点偏值	G56	
		G57	第四可设定零点偏值	G57	
		G58	第五可设定零点偏值	G58	
		G59	第六可设定零点偏值	G59	
参考点	2	G74	回参考点（原点）	G74 X... Z...	
		G75	回固定点	G75 X... Z...	

分类	分组	代码	意　义	格　式	参数意义
刀具补偿	7	G40 *	刀尖半径补偿方式的取消	G40	在指令 G40、G41 和 G42 的一行中必须同时有 G0 或 G1 指令（直线），且要指定一个当前平面内的一个轴，如在 XY 平面下，N20 G1 G41 Y50
		G41	调用刀尖半径补偿，刀具在轮廓左侧移动	G41	
		G42	调用刀尖半径补偿，刀具在轮廓左侧移动	G42	
	15	G94	进给率 F，单位为 mm/min	G94	
		G95	主轴进给率 F，单位为 mm/r	G95	
	18	G450 *	圆弧过渡，即刀补时拐角走圆角	G450	
		G451	等距线的交点，刀具在工件转角处切削	G451	
	2	G4	暂停时间	G4 F... 或者 G4 S...	

2. SINUMERIK 802D 常用辅助功能

SINUMERIK 802D 常用辅助功能见附表 5-2。

附表 5-2　SINUMERIK802D 常用辅助功能

代码	意　义	格　式	备　注
M0	程序停止	M0	用 M0 停止程序的执行；按"启动"键加工继续执行
M1	程序有条件停止	M1	与 M0 一样，但仅在出现专门信号后才生效
M2	程序结束	M2	在程序的最后一段被写入
M3	主轴顺时针旋转	M3	
M4	主轴逆时针旋转	M4	
M5	主轴停转	M5	
M6	更换刀具	M6	在机床数据有效时用 M6 更换刀具，其他情况下用 T 指令进行

3. SINUMERIK 802D 常用复合循环指令

SINUMERIK 802D 常用复合循环指令见附表 5-3。

附表 5-3　SINUMERIK 802D 常用复合循环指令

指　令	意　义	格　式
CYCLE82	平底扩孔固定循环	• CYCLE82 (RTP, RFP, SDIS, DP, DPR, DTB) DTB：在最终深度处停留的时间 其余参数的意义同 CYCLE81 例： N10 G0 G90 F200 S300 M3 N20 D3 T3 Z110 N30 X24 Y15 N40 CYCLE82 (110, 102, 4, 75, , 2) N50 M02

指　令	意　义	格　式
CYCLE83	深孔钻削固定循环	CYCLE83（RTP，RFP，SDIS，DP，DPR，FDEP，FDPR，DAM，DTB，DTS，FRF，VART，_ AXN，_ MDEP，_ VRT，_ DTD，_ DIS1） FDEP：首钻深度（绝对坐标） FDPR：首钻相对于参考平面的深度 DAM：递减量（>0，按参数值递减；<0，递减速率；=0，不做递减） DTB：在此深度停留的时间（>0，停留秒数；<0，停留转数） DTS：在起点和排屑时的停留时间（>0，停留秒数；<0，停留转数） FRF：首钻进给率 VARI：加工方式（0表示切削；1表示排屑） _ AXN：工具坐标轴（1表示第一坐标轴；2表示第二坐标轴；其他的表示第三坐标轴） _ MDEP：最小钻孔深度 _ VRT：可变的切削回退距离（>0，回退距离；0表示设置为1 mm） _ DTD：在最终深度处的停留时间（>0表示停留秒数；<0表示停留转数；=0表示停留时间同DTB） _ DIS1：可编程的重新插入孔中的极限距离 其余参数的意义同CYCLE81 例： N10 G0 G17 G90 F50 S500 M4 N20 D1 T42 Z155 N30 X80 Y120 N40 CYCLE83（155，150，1，5，，100，，20，，，1，0，，，0.8） N50 X80 Y60 N60 CYCLE83（155，150，1，，145，，50，−0.6，1，，1，0，，10，，，0.4） N70 M02
CYCLE84	攻螺纹固定循环	CYCLE84 （RTP，RFP，SDIS，DP，DPR，DTB，SDAC，MPIT，PIT，POSS，SST，SST1） SDAC：循环结束后的旋转方向（可取值为：3，4，5） MPIT：螺纹尺寸的斜度 PIT：斜度值 POSS：循环结束时，主轴所在位置 SST：攻螺纹速度 SST1：回退速度 其余参数的意义同CYCLE81 例： N10 G0 G90 T4 D4 N20 G17 X30 Y35 Z40 N30 CYCLE84（40，36，2，，30，，3，5，，90，200，500） N40 M02

指　令	意　义	格　式
CYCLE85	钻孔循环 1	CYCLE85（RTP，RFP，SDIS，DP，DPR，DTB，FFR，RFF） FFR：进给速率 RFF：回退速率 其余参数的意义同 CYCLE81 例： N10 FFR＝300 RFF＝1.5＊FFR S500 M4 N20 G18 Z70 X50 Y105 N30 CYCLE85（105，102，2，25，，300，450） N40 M02
CYCLE86	钻孔循环 2	CYCLE86（RTP，RFP，SDIS，DP，DPR，DTB，SDIR，RPA，RPO，RPAP，POSS） SDIR：旋转方向（可取值为 3，4） RPA：在活动平面上横坐标的回退方式 RPO：在活动平面上纵坐标的回退方式 RPAP：在活动平面上钻孔的轴的回退方式 POSS：循环停止时主轴的位置 其余参数的意义同 CYCLE81 例： N10 G0 G17 G90 F200 S300 N20 D3 T3 Z112 N30 X70 Y50 N40 CYCLE86（112，110，，77，，2，3，−1，−1，＋1，45） N50 M02
CYCLE88	钻孔循环 4	CYCLE88（RTP，RFP，SDIS，DP，DPR，DTB，SDIR） DTB：在最终孔深处的停留时间 SDIR：旋转方向（可取值为 3，4） 其余参数的意义同 CYCLE81 例： N10 G17 G90 F100 S450 N20 G0 X80 Y90 Z105 N30 CYCLE88（105，102，3，，72，3，4） N40 M02
CYCLE93	切槽循环	CYCLE93（SPD，SPL，WIDG，DIAG，STA1，ANG1，ANG2，RCO1，RCO2，RCI1，RCI2，FAL1，FAL2，IDEP，DTB，VARI） 例： N10 G0 G90 Z65 X50 T1 D1 S400 M3 N20 G95 F0.2 N30 CYCLE93（35，60，30，25，5，10，20，0，0，−2，−2，1，1，10，1，5） N40 G0 G90 X50 Z65 N50 M02

指　令	意　义	格　式
CYCLE94	凹凸切削循环	CYCLE94（SPD，SPL，FORM） 例： N10 T25 D3 S300 M3 G95 F0.3 N20 G0 G90 Z100 X50 N30 CYCLE94（20，60，"E"） N40 G90 G0 Z100 X50 N50 M02
CYCLE95	毛坯切削循环	CYCLE95（NPP，MID，FALZ，FALX，FAL，FF1，FF2，FF3，VARI，DT，DAM，_VRT） 例： N110 G18 G90 G96 F0.8 N120 S500 M3 N130 T11 D1 N140 G0 X70 N150 Z60 N160 CYCLE95（"contour"，2.5，0.8，.8，0，0.8，0.75，0.6，1） N170 M02 PROC contour N10 G1 X10 Z100 F0.6 N20 Z90 N30 Z＝AC（70）ANG＝150 N40 Z＝AC（50）ANG＝135 N50 Z＝AC（50）X＝AC（50） N60 M02
CYCLE97	螺纹切削	CYCLE97（PIT，MPIT，SPL，FPL，DM1，DM2，APP，ROP，TDEP，FAL，IANG，NSP，NRC，NID，VARI，NUMT） 例： N10 G0 G90 Z100 X60 N20 G95 D1 T1 S1000 M4 N30 CYCLE97（，42，0，−35，42，42，10，3，1.23，0，30，0，5，2，3，1） N40 G90 G0 X100 Z100 N50 M02

参 考 文 献

[1] 华中数控股份有限公司. 世纪星车削数控装置编程说明书. 2002.

[2] 任国兴. 数控车床加工工艺与编程操作 [M]. 北京：机械工业出版社. 2006.

[3] 赵太平. 数控车削编程与加工技术 [M]. 北京：北京理工大学出版社. 2006.

[4] 姜慧芳. 数控车削加工技术 [M]. 北京：北京理工大学出版社. 2006.

[5] 姜爱国. 数控机床技能实训 [M]. 北京：北京理工大学出版社. 2006.

中等职业教育"十一五"规划教材

数控技术应用专业

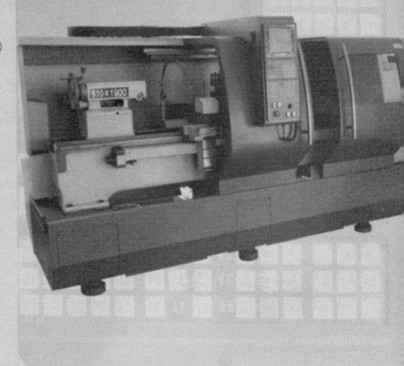

工作过程导向

数控 车削项目教程同步练习（第二版）

SHUKONG

CHEXIAO XIANGMU JIAOCHENG TONGBU LIANXI（DI ER BAN）

本书以零件的数控车削加工工作过程为主线进行编写，共分五个项目，每个项目都设置了目标明确、操作性强的具体任务，并在完成任务的过程中插入理论知识，做到理论与实践的一体化。

本书可作为数控技术应用专业、模具设计及制造专业、机电一体化专业的中等职业教育教材，也可作为数控行业从业人员的参考书。

主　编　禹　诚

副主编　宋英超　张瑜胜　马海彦

参　编　廖建华　高　明　李　杰　吕宜忠　张春凤

华中科技大学出版社

http://www.hustp.com

中国·武汉

内容提要

    本书以零件的数控车削加工工作过程为主线进行编写。全书共分五个项目，五个附录。项目一为数控车床认识；项目二为零件的工艺分析；项目三为数控车削程序编制；项目四为程序的输入、编辑及校验；项目五为零件加工与检测；附录 1～3 为宏指令编程；附录 4 为 FANUC 数控系统编程指令；附录 5 为 SINUMERIK802D 数控系统编程指令。每一项目都设置了目标明确、操作性强的具体任务，并在完成任务的过程中插入理论知识，基本上做到了理论与实践的一体化。

    本书分"教程"和"同步练习"两册，本册为"同步练习"。

    本书既可作为数控技术应用专业、模具设计及制造专业、机电一体化专业的中等职业教育教材，也可作为从事数控车床工作的工程技术人员的参考书及数控车床短期培训用书。

目　录

项目一 数控车床的认识与基本操作的同步练习

 任务描述

1. 请将图 1-1 所示的数控车床各部分的名称及功能填写在表 1-1 中。

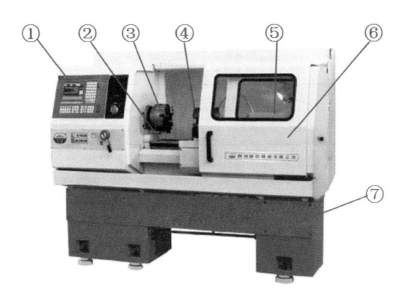

图 1-1 数控车床各部分的名称

工作过程

表 1-1 数控车床各部分的名称及功能

序　号	名　　称	功　　能
①		
②		
③		
④		
⑤		
⑥		
⑦		

 任务描述

2. 请将图 1-2 所示的数控车床控制面板各功能键的功能填写在表 1-2 中。

图 1-2　数控机床控制面板

工作过程

表 1-2　机床控制面板功能键的功能

功能键	功　能
自动	
单段	
手动	
增量	
回零	
空运行	
×1	
×10	
×100	
×1000	
超程解除	
程序跳段	
选择停	
机床锁住	

续表

功能键	功 能
冷却 开停	
刀位 选择	
刀位 转换	
主轴 正点动	
卡盘 松紧	
主轴 负点动	
主轴 正转	
主轴 停止	
主轴 反转	
−	
100%	
+	
-X	
+C	
-Z	
快进	
+Z	
-C	
+X	
循环 启动	
进给 保持	

◎ 任务描述

3. 请根据图 1-3 所示的 XZ 坐标判断＋Y 坐标方向。

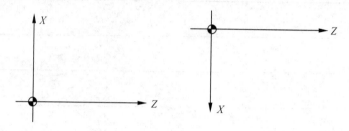

图 1-3　根据 XZ 坐标判断＋Y 坐标

 工作过程

任务描述

4. 在 01 号外圆刀进行对刀时，试车外圆测得的试车直径为 46.68 mm，此时数控机床显示的机床实际的 X 坐标为 -156.018，请问 01 号外圆刀的 X 偏置值是多少？将对应的尺寸数值填写在图 1-4 所示的对刀示意图中。

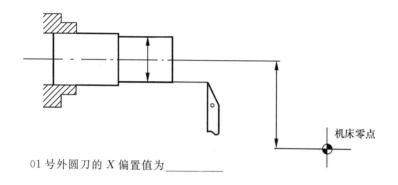

01 号外圆刀的 X 偏置值为 _____

图 1-4 对刀示意图

工作过程

项目二 零件工艺分析的同步练习

1. 已知毛坯直径为 45 mm、长度为 100 mm 的棒料，材料为 45 钢，试分析如图 2-1 所示工件的加工工艺路线。

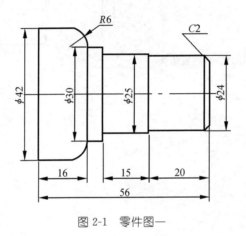

图 2-1 零件图一

工作过程
· · · · · ·

任务描述

2. 已知毛坯直径为 55 mm、长度为 65 mm 的棒料，材料为 45 钢，试分析加工如图 2-2 所示工件时的装夹方式。

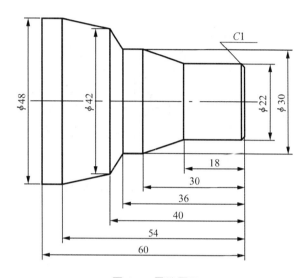

图 2-2 零件图二

工作过程

任务描述

3. 已知毛坯直径为 50 mm、长度为 65 mm 的棒料，材料为 45 钢，试分析加工如图 2-3 所示工件时所需的数控车刀。

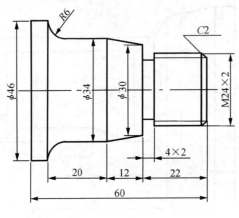

图 2-3　零件图三

工作过程

任务描述

4. 已知毛坯直径为 55 mm、长度为 60 mm 的棒料，材料为 45 钢，请填写加工如图 2-4 所示工件的数控加工刀具卡和数控加工工艺卡。

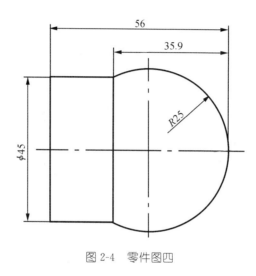

图 2-4 零件图四

工作过程

（1）填写表 2-1 所示的数控加工刀具卡。

表 2-1 数控加工刀具卡

产品名称或代号			零件名称		零件图号			
序号	刀具号	刀具名称	数量	加工表面	刀尖半径 R/ mm	刀尖方位 T	备 注	
编制		审核		批准		日期	共 1 页	第 1 页

（2）填写表 2-2 所示的数控加工工序卡。

表 2-2　数控加工工序卡

单位名称		产品名称或代号		零件名称		零件图号	
工序号	程序编号	夹具名称		使用设备		车　间	
工步号	工步内容	刀具号	刀具规格 R/mm	主轴转速 n/(r/min)	进给量 f/(mm/r)	背吃刀量 a_p/mm	备注
编制		审核	批准		日期	共 1 页	第 1 页

⊙ **任务描述**
· · · · · · ·

5. 已知毛坯直径为 45 mm、长度为 65 mm 的棒料，材料为 45 钢，试分析如图 2-5 所示工件的加工工艺路线、装夹工件的方法、数控车刀的选择、切削用量的选择，并填写数控加工刀具卡、工序卡。

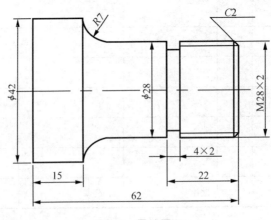

图 2-5　零件图五

工作过程

（1）加工工艺路线。

（2）装夹方法。

（3）填写表 2-3 所示的数控加工刀具卡。

表 2-3 数控加工刀具卡

产品名称或代号			零件 名称		零件图号			
序号	刀具号	刀具名称	数量	加工表面	刀尖半径 R/mm	刀尖方位 T	备 注	
编制		审核		批准		日期		共1页	第1页

（4）填写表 2-4 所示的数控加工工序卡。

表 2-4　数控加工工序卡

单位名称		产品名称或代号		零件名称		零件图号	
工序号	程序编号		夹具名称		使用设备		车　间
工步号	工步内容	刀具号	刀具规格 R/mm	主轴转速 n/(r/min)	进给量 f/(mm/r)	背吃刀量 a_p/mm	备注
编制		审核		批准		日期		共 1 页	第 1 页

项目三　数控车削程序编制的同步练习

任务 3-1　数控程序结构的同步练习

 任务描述

1. 根据表 3-1 中文件名为"O3001"的程序单,填写表 3-2 中与程序结构相关的各项内容。

表 3-1　程序单

O3001
％1234
N1 T0202 G90 G94 M03 S100
N2 G00 X80 Z50 M07
N3 X0 Z2
N4 G01 X0 Z0 F100
N5 X20 Z−13
N6 X26
N7 G03 X34 W−4 K−4
N8 G01 Z−30
N9 G00 X100 M09
N10 Z50
N11 M05
N12 M30

表 3-2　需要填写的表格

序号	项　目	内　容
1	该程序的文件名	
2	该程序的程序号	
3	该程序包含几个程序段	
4	程序段"N1 T0202 G90 G94 M03 S100"中含有几个指令字	
5	指令字"T0202"中的字母"T"是什么功能字	
6	程序段"N7 G03 X34 W−4 K−4"中有几个尺寸字	
7	该程序的结束符是什么	

◎ 任务描述

2. 请判断表 3-3 中关于数控程序的陈述是否正确。

表 3-3　关于数控程序的陈述

序号	关于数控程序的陈述	判 断 结 果	
1	数控程序的文件名可以任意命名	□正确	□错误
2	一个程序段可以只由一个指令字构成	□正确	□错误
3	程序段的先后执行顺序是按照程序段顺序号的升序来执行的	□正确	□错误
4	一个零件程序必须包括起始符和结束符	□正确	□错误
5	指令字必须由专用字母表示的地址符和数据构成	□正确	□错误

任务 3-2　数控编程的基本功能指令的同步练习

◎ 任务描述

1. 请填写表 3-4 中 HNC-21T 数控系统指令的含义。

 工作过程

表 3-4　HNC-21T 数控系统指令及其含义

指　　令	含　　义
M03 S800	
M04 S600	
M05	
M08	
T0101	
T0102	
G04 P2	
G96 S80	
G94 F100	

续表

指　　令	含　　义
G95 F0.2	
M98 P100	
G90	
G91	
G20	
G21	
G36	
G37	
M09	
M02	
M30	

 任务描述

2. 请根据图 3-1 所示零件图的坐标系，填写表 3-5 中的基点坐标值。

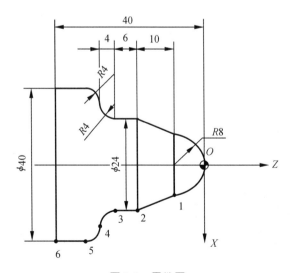

图 3-1　零件图

工作过程

表 3-5 基点坐标值

基 点	绝对坐标 （直径方式）		相对坐标 （以原点为加工起点） （直径方式）		绝对坐标 （半径方式）		相对坐标 （以原点为加工起点） （半径方式）	
	X 坐标	Z 坐标	X 坐标	Z 坐标	X 坐标	Z 坐标	X 坐标	Z 坐标
1								
2								
3								
4								
5								
6								

任务 3-3 直线插补 G00、G01 应用的同步练习

任务描述

1. 请将图 3-2 所示台阶轴的精加工程序及注释填写在表 3-6 中，毛坯尺寸为 $\phi52\times$ 100 mm。

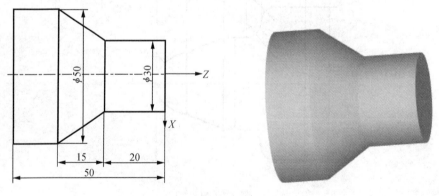

图 3-2 台阶轴的零件图及实体图

工作过程

表 3-6 台阶轴的车削程序

程 序	注 释

任务描述

2. 请根据表 3-7 所示的零件精加工程序，在图 3-3 所示的坐标平面内绘制其零件图。

表 3-7 零件精加工程序单

程 序	注 释
％1111	程序头
T0101 G90 G94	调用 01 号刀具、01 号刀具补偿，设定绝对值编程方式及分进给
M03 S800	主轴以 800 r/min 的速度正转
G00 X52 Z30	快速定位到换刀点 H
X0 Z2	快速定位到接近工件点 J
G01 Z0 F50	以 50 mm/min 的速度进给到加工起点 O
X20 Z−8	直线插补到基点 1
Z−18	直线插补到基点 2
X28	直线插补到基点 3
X40 Z−28	直线插补到基点 4
Z−40	直线插补到基点 5
G00 X52	X 方向快速退刀
Z30	Z 方向快速退刀回到换刀点
M30	程序结束并返回到程序头

工作过程

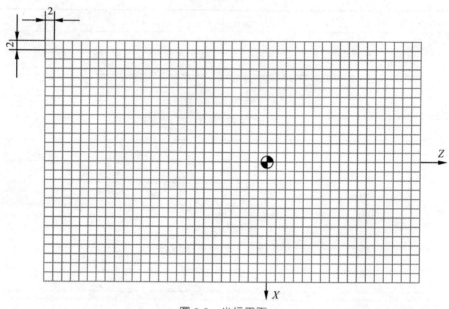

图 3-3　坐标平面

任务 3-4　圆弧进给 G02、G03 应用的同步练习

◎ 任务描述

1. 图 3-4 所示零件的粗加工已完成，对其进行精加工时，工件坐标系设在工件右侧，换刀点位置为（X100、Z80）。精加工程序如表 3-8 所示，请仔细阅读程序，并完成下列内容。

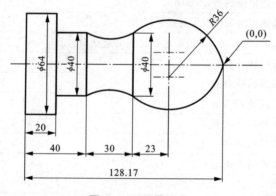

图 3-4　手柄零件图

（1）补齐程序中画横线处的有关数据；

（2）根据程序中的数据，在注释栏中填入被加工圆弧的半径值。

表 3-8 手柄的精加工程序

程　　序	注　　释
%0002	程序号
……	
N310 G54 G00 G90 X100.0 Z80.0	建立工件坐标系
N320 S ____ M03 T0101 M08	主轴正转，转速 1000 r/min
N330 G00 Z3.0	
N340 X0	
N350 G01 Z0 F300	
N360 G ____ X40 Z ____ R ____	
N370 G ____ Z ____ I25.981 K−15	被加工圆弧的圆弧半径是 R ____
N380 G01 Z ____	
N390 X65	
N400 G00 X100	
N410 Z100 M09	
N420 M05	
N430 M30	

◎ 任务描述

2. 请根据表 3-9 所示的零件精加工程序单，在图 3-5 所示的坐标平面内绘制其零件图。

表 3-9 零件精加工程序单

程　　序	注　　释
%1111	程序头
T0101 G90 G94	调用 01 号刀具、01 号刀具补偿，设定绝对值编程方式及分进给
M03 S800	主轴以 800 r/min 的速度正转
G00 X52 Z30	快速定位到换刀点 H
X0 Z2	快速定位到接近工件点 J
G01 Z0 F50	以 50 mm/min 的速度进给到加工起点 O
G03 X20 Z−10 R10	逆圆插补到基点 1
G01 Z−18	直线插补到基点 2
X28	直线插补到基点 3
G02 X48 Z−28 R10	顺圆插补到基点 4
G01 Z−40	直线插补到基点 5
G00 X52	X 方向快速退刀
Z30	Z 方向快速退刀回到换刀点
M30	程序结束并返回到程序头

工作过程
∘ ∘ ∘ ∘ ∘ ∘

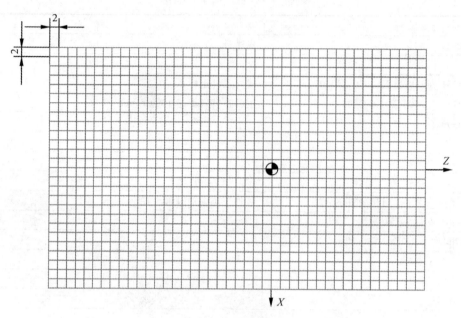

图 3-5　坐标平面

任务描述
∘ ∘ ∘ ∘ ∘ ∘ ∘

3. 请将图 3-6 所示奶嘴瓶凸模的精加工程序及注释填写在表 3-10 中，毛坯尺寸为 ϕ52 ×100 mm。

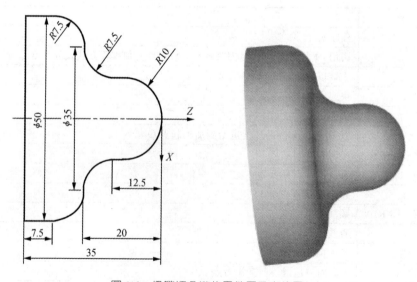

图 3-6　奶嘴瓶凸模的零件图及实体图

工作过程

表 3-10　零件的精加工程序单

程　　序	注　　释

任务 3-5　简单循环 G80、G81 应用的同步练习

任务描述

1. 请用 G80 指令将图 3-7 所示圆锥台的加工程序及注释填写在表 3-11 中，毛坯尺寸为 $\phi25\times50$ mm。

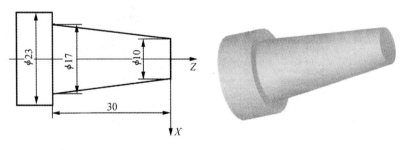

图 3-7　圆锥台零件图及实体图

工作过程

表 3-11　零件精加工程序单

程　　　序	注　　　释

任务描述

2. 请用 G81 指令将图 3-8 所示端盖零件的加工程序及注释填写在表 3-12 中，毛坯尺寸为 $\phi40\times30$ mm。

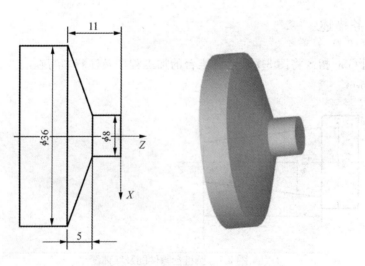

图 3-8　端盖零件图及实体图

工作过程

表 3-12 零件精加工程序单

程 序	注 释

任务 3-6 复合循环 G71、G72、G73 应用的同步练习

◎ 任务描述

1. 请使用 G71 指令将图 3-9 所示阶梯轴的精加工程序及注释填写在表 3-12 中，毛坯尺寸为 $\phi30\times45$ mm。

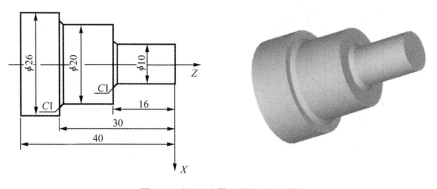

图 3-9 阶梯轴零件图及实体图

工作过程

表 3-13　零件精加工程序单

程　　序	注　　释

任务描述

2. 请使用 G72 指令将图 3-10 所示盘类零件的精加工程序及注释填写在表 3-14 中，毛坯尺寸为 $\phi 55 \times 30$ mm。

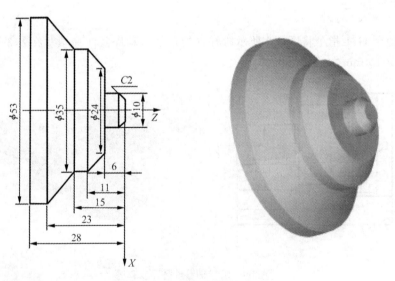

图 3-10　盘类零件图及实体图

表 3-14　零件精加工程序单

程　　序	注　　释

任务 3-7　刀尖圆弧半径补偿 G40、G41、G42 应用的同步练习

任务描述

1. 请使用 G71、G42 指令将图 3-11 所示手柄零件的精加工程序及注释填写在表 3-15 中,毛坯尺寸为 $\phi30 \times 50$ mm。

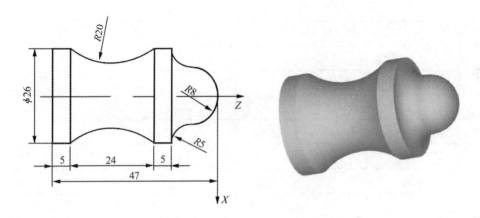

图 3-11　手柄零件图及实体图

工作过程

切点计算:

表 3-15　零件精加工程序单

程　序	注　释

续表

程　　序	注　　释

任务描述

2. 请使用 G71、G42 指令将图 3-12 所示手柄零件的精加工程序及注释填写在表 3-16 中，毛坯尺寸为 $\phi35\times50$ mm。

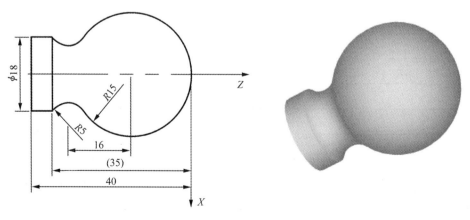

图 3-12　手柄零件图及实体图

工作过程

切点计算：

表 3-16　零件精加工程序单

程　　序	注　　释

任务 3-8　螺纹车削 G32、G82、G76 应用的同步练习

 任务描述

1. 请分别使用 G32、G82 和 G76 指令编程，并将图 3-13 所示螺钉零件的加工程序及注释填写在表 3-17 中，毛坯尺寸为 $\phi45 \times 45$ mm。

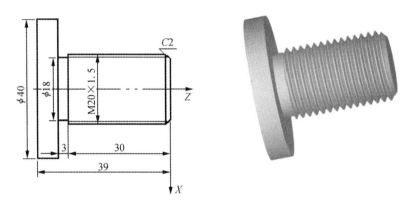

图 3-13　螺钉零件图及实体图

工作过程

表 3-17　零件精加工程序单

用 G32 编写的程序	注　　释

续表

用 G32 编写的程序	注　　释

用 G82 编写的程序	注　　释

用 G82 编写的程序	注　释

用 G76 编写的程序	注　释

任务描述

2. 请分别使用 G82 和 G76 指令编程，并将图 3-14 所示丝堵零件的加工程序及注释填写在表 3-18 中，毛坯尺寸为 $\phi 40 \times 100$ mm。

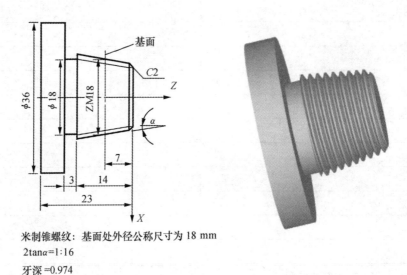

米制锥螺纹：基面处外径公称尺寸为 18 mm

$2\tan\alpha = 1:16$

牙深 =0.974

图 3-14　丝堵零件图及实体图

工作过程

表 3-18　零件精加工程序单

用 G82 编写的程序	注　释

续表

用 G82 编写的程序	注　释

用 G76 编写的程序	注　释

项目四　程序输入、编辑及校验的同步练习

任务 4-1　认识数控系统软件操作面板的同步练习

 任务描述

1. 图 4-1 所示为某零件校验时的显示状态，请填写表 4-1 中的项目内容。

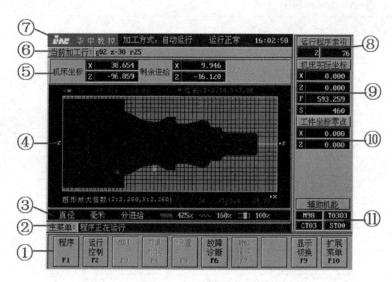

图 4-1　HNC-21T 数控系统软件操作面板

 工作过程

表 4-1　项目内容

项　目	内　容
系统当前时间	
当前加工方式	
当前加工程序段	
刀具当前点的坐标	
当前的实际主轴转速	
当前的实际进给速度	

续表

项　　目	内　　容
程序中的 F 值	
进给速度	
当前刀具号	
直径/半径编程模式	

 任务描述

2. 请按要求填写 HNC-21T 数控系统的菜单内容。

 工作过程

任务 4-2　零件程序输入的同步练习

 任务描述

1. 新建一个文件名为"OLX01"的程序，完成表 4-2 中程序的输入并保存。

 工作过程

表 4-2　"OLX01"文件

文件名	OLX01
第 0 行	%1234
第 1 行	N01 T0202
第 2 行	N02 M03 S800
第 3 行	N03 G00 X100 Z50
第 4 行	N04 X45 Z2
第 5 行	N05 G01 Z−30 F150
第 6 行	N06 G00 X100
第 7 行	N07 Z50
第 8 行	N08 M30

任务描述

2. 新建一个文件名为"OLX02"的程序，完成表4-3中程序的输入并保存。

工作过程

表4-3 "OLX02"文件

文件名	OLX02
第0行	％1234
第1行	N01 T0202
第2行	N02 M03 S800
第3行	N03 G00 X100 Z50
第4行	N04 X0 Z2
第5行	N05 G01 Z0 F150
第6行	N06 G03 X20 Z−10 R10
第7行	N07 G01 Z−15
第8行	N08 X30
第9行	N09 Z−30
第10行	N10 G00 X100
第11行	N11 Z50
第12行	N12 M30

任务 4-3 零件程序编辑的同步练习

任务描述

1. 打开名为"OLX02"的零件程序，将第6行中的"G03"修改为"G02"，并将程序另存为文件名为"OLX03"的文件。

工作过程

表4-4 将修改后的"OLX02"另存为"OLX03"

文件名	OLX02
第0行	％1234
第1行	N01 T0202
第2行	N02 M03 S800
第3行	N03 G00 X100 Z50
第4行	N04 X0 Z2
第5行	N05 G01 Z0 F150
第6行	N06 G03 X20 Z−10 R10
第7行	N07 G01 Z−15
第8行	N08 X30
第9行	N09 Z−30
第10行	N10 G00 X100
第11行	N11 Z50
第12行	N12 M30

文件名	OLX03
第0行	％1234
第1行	N01 T0202
第2行	N02 M03 S800
第3行	N03 G00 X100 Z50
第4行	N04 X0 Z2
第5行	N05 G01 Z0 F150
第6行	N06 G02 X20 Z−10 R10
第7行	N07 G01 Z−15
第8行	N08 X30
第9行	N09 Z−30
第10行	N10 G00 X100
第11行	N11 Z50
第12行	N12 M30

 任务描述

2. 根据 HNC-21T 数控系统的编辑功能填写表 4-5 中的快捷键符。

工作过程

表 4-5 HNC-21T 数控系统的快捷键

序 号	功 能	快 捷 键	类 别
1	定义块首		编辑功能快捷键
2	定义块尾		
3	删除		
4	剪切		
5	拷贝		
6	复制		
7	查找		
8	替换		
9	继续查找		
10	光标移到文件首		
11	光标移到文件尾		
12	行删除		
13	查看上一条提示信息		提示信息查看快捷键
14	查看下一条提示信息		
15	将程序转为加工代码		帮助信息查看快捷键
16	查看上一面帮助信息		
17	查看下一面帮助信息		

任务 4-4 零件程序校验的同步练习

 任务描述

1. 图 4-2 所示的工艺花瓶一的精加工程序清单如表 4-6 所示。

(1) 请完成程序中所缺失的数据;

(2) 输入并校验该程序。

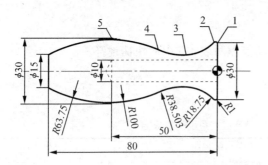

基点	Z	半径/mm
1	0.000	12.319
2	−1.709	13.025
3	−15.000	7.500
4	−28.071	9.786
5	−50.000	15.000

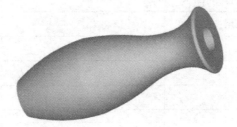

图 4-2 工艺花瓶一的零件图及实体图

 工作过程

表 4-6 工艺花瓶一的精加工程序清单

文件名	OGYHP1	注 释
第 0 行	％1111	程序头
第 1 行	T0101	调用 01 号刀具、01 号刀具补偿
第 2 行	M03 S800	主轴以 800 r/min 的速度正转
第 3 行	G00 X80 Z50	快速定位到换刀点
第 4 行	X0 Z2	快速定位到精加工起点
第 5 行	G01 Z0 F50	以 50 mm/min 的进给速度接近工件右端面中心
第 6 行	X24.638	端面车削到点 1
第 7 行	G＿＿＿ X＿＿＿ Z＿＿＿ R1	逆圆弧插补到点 2
第 8 行	G＿＿＿ X＿＿＿ Z＿＿＿ R＿＿＿	顺圆弧插补到点 3
第 9 行	X＿＿＿ Z＿＿＿ R＿＿＿	顺圆弧插补到点 4
第 10 行	G＿＿＿ X30 Z−50 R100	逆圆弧插补到点 5
第 11 行	X15 Z−80 R63.75	逆圆弧插补到精加工终点
第 12 行	G00 X80	X 方向快速退刀
第 13 行	Z50	Z 方向快速退刀回到换刀点
第 14 行	M30	程序结束并返回到程序头

任务描述

2. 图 4-3 所示的工艺花瓶二的精加工程序清单如表 4-7 所示。

（1）请完成程序单中所缺失的数据；

（2）输入并校验该程序。

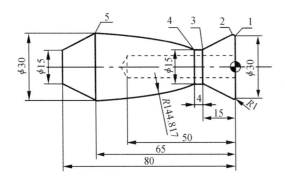

基点	Z	半径/mm
1	0.000	13.382
2	−1.447	14.276
3	−15.000	7.500
4	−19.000	7.500
5	−65.000	15.000

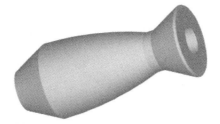

图 4-3　工艺花瓶二的零件图及实体图

表 4-7　工艺花瓶二的精加工程序清单

文件名	OGYHP2	注　　释
第 0 行	％1111	程序头
第 1 行	T0101	调用 01 号刀具、01 号刀具补偿
第 2 行	M03 S800	主轴以 800 r/min 的速度正转
第 3 行	G00 X80 Z50	快速定位到换刀点
第 4 行	X0 Z2	快速定位到精加工起点
第 5 行	G01 Z0 F50	以 50 mm/min 的进给速度接近工件右端面中心
第 6 行	X26.764	端面车削到点 1
第 7 行	G ___ X ___ Z ___ R ___	逆圆弧插补到点 2
第 8 行	G ___ X ___ Z ___	直线插补到点 3
第 9 行	Z−19	直线插补到点 4
第 10 行	G ___ X ___ Z ___ R ___	逆圆弧插补到点 5
第 11 行	G01 X15 Z−80	直线插补到精加工终点
第 12 行	G00 X80	X 方向快速退刀
第 13 行	Z50	Z 方向快速退刀回到换刀点
第 14 行	M30	程序结束并返回到程序头

任务描述

3. 图 4-4 所示的工艺花瓶三的精加工程序清单如表 4-8 所示。

(1)请完成程序单中所缺失的数据；

(2)输入并校验该程序。

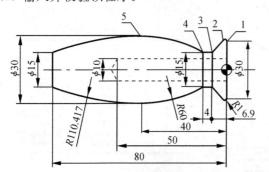

基点	Z	半径/mm
1	0.000	12.450
2	−1.733	13.130
3	−6.953	7.500
4	−10.953	7.500
5	−40.000	15.000

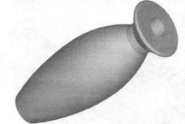

图 4-4 工艺花瓶三的零件图及实体图

工作过程

表 4-8 工艺花瓶三的精加工程序清单

文件名	OGYHP3	注　释
第 0 行	%1111	程序头
第 1 行	T0101	调用 01 号刀具、01 号刀具补偿
第 2 行	M03 S800	主轴以 800 r/min 的速度正转
第 3 行	G00 X80 Z50	快速定位到换刀点
第 4 行	X0 Z2	快速定位到精加工起点
第 5 行	G01 Z0 F50	以 50 mm/min 的进给速度接近工件右端面中心
第 6 行	X24.90	端面车削到点 1
第 7 行	G___ X___ Z___ R___	逆圆弧插补到点 2
第 8 行	G___ X___ Z___	直线插补到点 3
第 9 行	X___ Z___	直线插补到点 4
第 10 行	G___ X___ Z___ R___	逆圆弧插补到点 5
第 11 行	X15 Z−80 R110.417	逆圆弧插补到精加工终点
第 12 行	G00 X80	X 方向快速退刀
第 13 行	Z50	Z 方向快速退刀回到换刀点
第 14 行	M30	程序结束并返回到程序头

◎ 任务描述

4. 如图 4-5 所示的工艺花瓶四的精加工程序清单如表 4-9 所示。

（1）请完成程序清单中所缺失的数据；

（2）输入并校验该程序。

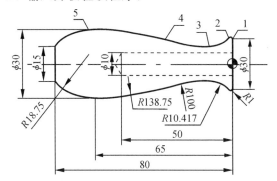

基点	Z	半径/mm
1	0.000	10.892
2	−1.788	11.508
3	−10.569	7.516
4	−30.195	10.564
5	−65.000	15.000

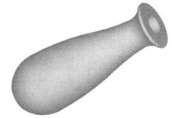

图 4-5 工艺花瓶四的零件图及实体图

工作过程

表 4-9 工艺花瓶四的精加工程序清单

文件名	OGYHP4	注 释
第 0 行	％1111	程序头
第 1 行	T0101	调用 01 号刀具、01 号刀具补偿
第 2 行	M03 S800	主轴以 800 r/min 的速度正转
第 3 行	G00 X80 Z50	快速定位到换刀点
第 4 行	X0 Z2	快速定位到精加工起点
第 5 行	G01 Z0 F50	以 50 mm/min 的进给速度接近工件右端面中心
第 6 行	X21.784	端面车削到点 1
第 7 行	G___ X___ Z___ R___	逆圆弧插补到点 2
第 8 行	G___ X___ Z___ R___	顺圆弧插补到点 3
第 9 行	X___ Z___ R___	顺圆弧插补到点 4
第 10 行	G___ X___ Z___ R___	逆圆弧插补到点 5
第 11 行	X15 Z−80 R18.75	逆圆弧插补到精加工终点
第 12 行	G00 X80	X 方向快速退刀
第 13 行	Z50	Z 方向快速退刀回到换刀点
第 14 行	M30	程序结束并返回到程序头

项目五　零件加工与检测的同步练习

◎ 任务描述

1. 按给定的加工工艺及加工程序完成如图 5-1 所示螺纹轴零件的加工，并检测零件是否合格，材料为 45 钢，毛坯尺寸为 $\phi40\times102$ mm。

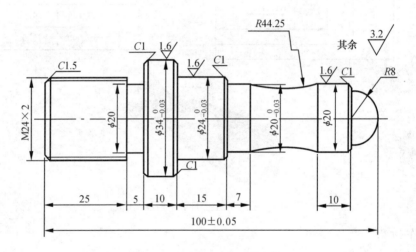

图 5-1　螺纹轴零件图

工作过程

1）分析零件图，确定加工工艺

如图 5-1 所示，根据零件的工艺特点和毛坯尺寸 $\phi40\times102$ mm 确定加工方案。操作步骤如下。

（1）用三爪自定心卡盘夹紧工件并找正，保证伸出长度为 75 mm 左右，如图 5-2 所示。

（2）用 01 号外圆刀粗、精加工工件右端外轮廓：车削 R8 圆弧→倒角→车削 $\phi20$ 外圆→车削 R44.25 圆弧→车削 $\phi20$ 外圆→倒角→车削 $\phi24$ 外圆→车削 $\phi34$ 外圆右端面并倒角→车削 $\phi34$ 外圆。

（3）用游标卡尺检测各加工尺寸，进行必要的修整。

（4）调头夹持如图 5-3 所示的 M 处，夹紧并找正。

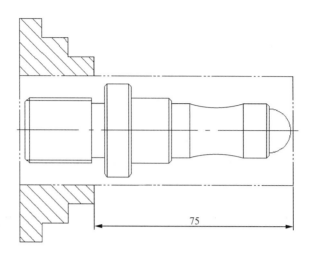

图 5-2　右端加工装夹示意图

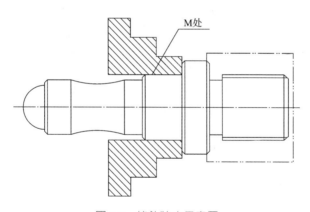

图 5-3　掉头装夹示意图

（5）重新对刀（保证工件总长）。

（6）用 01 号刀具加工零件左端外轮廓：车削端面并倒角→车削螺纹大径至尺寸要求→车削 $\phi 34$ 外圆端面并倒角。

（7）用 02 号切槽刀切 5×2 槽，刃宽 3 mm。

（8）用 03 号螺纹刀车削螺纹。

（9）检测工件。

2）填写刀具卡

填写的刀具卡见表 5-1。

表 5-1　加工螺纹轴零件的刀具卡

产品名称或代号		任务 5-1-2		零件名称	螺纹轴	零件图号		
序号	刀具号	刀具名称	数量	加工表面	刀尖半径 R/mm	刀尖方位 T	备注	
1	T01	外圆车刀	1	粗、精车外圆	0.4	3		
2	T02	切槽刀	1	切槽	刃宽 3	8		
3	T03	螺纹车刀	1	加工螺纹	60°	8		
编制		审核		批准		日期	共 1 页	第 1 页

3）填写工序卡

填写的工序卡见表 5-2。

表 5-2　加工螺纹轴零件工序卡

单位名称			产品名称或代号		零件名称		零件图号	
					螺纹轴			
工序号	程序编号		夹具名称		使用设备		车间	
	％5001～％5002		三爪自定心卡盘、顶尖		CK6140 数控车床		数控车间	
工步号	工步内容		刀具号	刀具规格 R/mm	主轴转速 n/(r/min)	进给量 f/(mm/r)	背吃刀量 a_p/mm	备注
1	粗车右端外轮廓		T01	0.4	800	0.15	2	程序 O5001
2	精车右端外轮廓				980	0.09	0.4	程序 O5001
3	粗车左端外轮廓		T01	0.4	800	0.15	2	程序 O5002
4	精车左端外轮廓				980	0.09	0.4	程序 O5002
5	切槽		T02		450	0.1		程序 O5002
6	加工螺纹		T03		350			程序 O5002
编制		审核		批准		日期	共 1 页	第 1 页

4）注意事项

（1）调头加工时，要校正工件，保证工件同轴度。

（2）安装内螺纹车刀时，注意车刀的安装角度。

5）参考程序

参考程序见表 5-3。

表 5-3 加工螺纹轴零件的参考程序

O5001 参考程序	说　明
O5001	工件左端加工程序
%5001	程序号
N10 M03 S800 G95	主轴以 800 r/min 的速度正转；设立转进给
N20 T0101	换 01 号外圆刀，确定其坐标系
N30 G00 X40 Z2 M07	快速定位到 G71 循环起点；冷却液开
N40 G71 U2 R1 P50 Q150 X0.4 Z0.08 F0.15	无凹槽外径粗加工复合循环 G71
N50 G00 X0 Z2 S980	精加工开始点，并设定精加工转速
N60 G01 Z0 F0.08	进给到工件右端面中心，并设定精加工进给量
N70 G03 X16 Z－8 R8	精加工 R8 半球面
N80 G01 X20 C1	精加工 ϕ20 端面并倒角
N90 Z－18	精加工 ϕ20 外轮廓
N100 G02 X19.985 Z－38 R44.25	精加工 R44.25 圆弧部分
N110 G01 Z－45	精加工 ϕ20 外圆部分
N120 X23.985 C1	精加工 ϕ24 端面并倒角
N130 Z－60	精加工 ϕ24 的外圆
N140 X33.985 C1	精加工 ϕ34 端面并倒角
N150 Z－71	精加工 ϕ34 外轮廓
N160 G00 X100	X 方向快速退刀
N170 Z100 M09	Z 方向快速退刀；冷却液关
N180 M05	主轴停止
N190 M30	主程序结束，并返回程序起点
O5002 参考程序	说　明
O5002	工件右端加工程序
%5002	程序号
N10 M03 S800 G95	主轴以 800 r/min 的速度正转；设立转进给
N20 T0101	换 01 号外圆刀，确定其坐标系
N30 G00 X40 Z2 M07	快速定位到 G71 循环起点；冷却液开
N40 G71 U1.5 R1.5 P50 Q110 X0.6 Z0.1 F0.1	无凹槽外径粗加工复合循环 G71
N50 G00 X0 S960	精加工开始点，并设定精加工转速
N60 G01 Z0 F0.08	进给到端面中心，并设定精加工进给量

O5002 参考程序	说　明
N70 X24 C1.5	精加工端面及其倒角，保证总长
N80 Z−30	精加工螺纹大径
N90 X33	精加工端面
N100 X35 Z−31	倒角
N110 X36	退刀
N120 G00 X100	X 方向快速退刀到安全距离
N130 G00 Z100	Z 方向快速退刀到安全距离
N140 T0202	换 02 号切槽刀
N150 M03 S450	设定切槽时的主轴转速
N160 G00 Z−30	Z 轴快速定位
N170 X35	X 轴快速定位
N180 G01 X20 F0.08	切槽
N190 G04 P1	暂停 1 s，清根
N200 G01 X35 F0.4	X 轴以 F0.4 的速度退出工件表面
N210 W2	增量方式 Z 轴正向移动 2 mm
N220 G01 X20 F0.08	切槽，保证槽宽 5 mm
N230 G04 P1	暂停 1 s，清根
N240 G01 X25 F0.4	X 轴退
N260 G00 X100	X 方向快速退刀
N270 G00 Z100	Z 方向快速退刀
N280 T0303	换 03 号螺纹刀
N290 M03 S500	设定螺纹加工的主轴转速为 500 r/min
N300 G00 Z2	Z 轴快速定位到螺纹加工起点
N310 X26	X 轴快速定位到螺纹加工起点
N320 G76 C2 A60 X22.052 Z−26 K1.299 U0.1 V0.05 Q0.3 F2	直螺纹车削复合循环
N330 G00 X100	X 方向快速退刀
N340 Z100 M09	Z 方向快速退刀；冷却液关
N350 M05	主轴停止
N360 M30	主程序结束，并返回程序起点

◎ 任务描述

2. 按给定的加工工艺及加工程序完成如图 5-4 所示抛物面轴的加工，并检测是否合格，材料为 45 钢，毛坯尺寸为 $\phi50\times82$ mm。

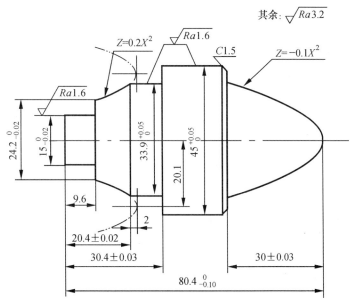

图 5-4　抛物面轴

工作过程

1）分析零件图，确定加工工艺

如图 5-4 所示，根据零件的工艺特点和毛坯尺寸 $\phi50\times82$ mm，确定加工方案。具体操作步骤如下。

（1）根据零件的工艺特点和毛坯尺寸可知，该零件要调头加工。调头前后装夹示意图如图 5-5 所示。用三爪自定心卡盘夹紧工件并找正，保证伸出长度不少于 55 mm，加工零件左段外轮廓至 $\phi45$ mm、长度为 50.4 mm。

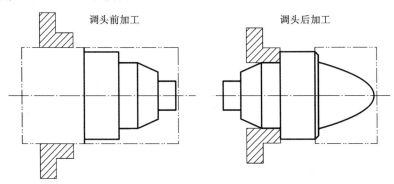

图 5-5　调头前和调头后的装夹示意图

（2）用 01 号外圆刀和 02 号外圆刀分别粗、精加工工件外轮廓至尺寸要求。

（3）调头夹持工件 ϕ33.9 外圆，夹紧工件并找正。

（4）用 01 号外圆刀和 02 号外圆刀分别粗、精加工工件另一端轮廓至尺寸要求。

（5）检测工件。

2）填写刀具卡

填写的刀具卡见表 5-4。

表 5-4　加工抛物面轴零件的刀具卡

产品名称或代号		任务 5-1-2	零件名称		零件图号			
序号	刀具号	刀具名称	数量	加工表面	刀尖半径 R/mm	刀尖方位 T	备注
1	T01	外圆车刀	1	粗车外圆	0.8	3	
2	T02	外圆车刀	1	精车外圆	0.2	3	
编制		审核		批准		日期		共 1 页　第 1 页

3）填写工序卡

填写的工序卡见表 5-5。

表 5-5　加工抛物面轴零件工序卡

单位名称			产品名称或代号		零件名称		零件图号
工序号		程序编号	夹具名称		使用设备		车间
		％5003、％5004	三爪自定心卡盘、顶尖		CK6140 数控车床		数控车间
工步号	工步内容	刀具号	刀具规格 R/mm	主轴转速 n/(r/min)	进给量 f/(mm/r)	背吃刀量 a_p/mm	备注
1	粗车左端外轮廓	T01	0.8	800	0.15	2	％5003
2	精车左端外轮廓	T02	0.2	980	0.09	0.4	％5003
3	粗车右端外轮廓	T01	0.8	800	0.15	2	％5004
4	精车右端外轮廓	T02	0.2	980	0.09	0.4	％5004
编制		审核	批准		日期		共 1 页　第 1 页

4）注意事项

（1）调头加工时，要校正工件，保证工件同轴度。

（2）抛物线的编程方法。

5）参考程序

参考程序见表 5-6。

表 5-6 加工轴套零件的参考程序

O5003 参考程序	说 明
O5003	工件左端加工程序
%5003	程序号
N10 M03 S800 G95	主轴以 800 r/min 的速度正转；设立转进给
N20 T0101	换 1 号外圆刀
N30 G00 X47 Z3 M07	快速定位到 G71 循环起点；冷却液开
N40 G71 U1.5 R1 P80 Q230 X0.4 Z0.08 F0.12	无凹槽外径粗加工复合循环 G71
N50 G00 X100	回到换刀点
N60 Z100	
N70 T0202	换 02 号外圆刀
N80 G00 X0 S980	精加工开始点，并设定精加工转速
N90 G01 Z0 F0.08	进给到端面中心，并设定精加工进给速度
N100 X15	精加工端面到直径 15 mm
N110 Z－9.6	精加工 φ15 外径，9.6 mm 长
N120 X24.19	精加工端面到直径 24.2 mm
N130 ♯1＝12.8	抛物面加工宏程序
N140 WHILE♯1GE［2］	
N150 ♯2＝SORT［♯1/0.2］	
N160 ♯3＝♯1－22.4	
N170 ♯4＝20.1－♯2	
N180 G01X［2＊♯4］Z［♯3］	
N190 ♯1＝♯1－0.5	
N200 ENDW	
N210 G01 Z－30.4	精加工 30.4 mm 长
N220 G01 X45.025	精加工端面到直径 45 mm
N230 G01 Z－53	精加工 φ45 外径，到 53 mm 处

续表

O5003 参考程序	说　明
N240 G00 X100	X 向退刀
N250 Z100 M09	Z 向退刀；冷却液关
N260 M30	程序结束

O5004 参考程序	说　明
O5004	工件右端加工程序
%5004	程序号
N10 M03 S800 G95	主轴以 800 r/min 的速度正转；设立转进给
N20 T0101	换 01 号外圆刀
N30 G00 X47 Z3 M07	快速定位到 G71 循环起点；冷却液开
N40 G71 U1.5 R1 P80 Q170 X0.5 Z0.1 F0.12	无凹槽外径粗加工复合循环 G71
N50 G00 X100	回到换刀点
N60 Z100	
N70 T0202	换 02 号外圆刀
N80 G00 X0 Z3 S980	精加工开始点，并设定精加工转速
N90 G01 Z0 F0.08	进给到端面中心，并设定精加工进给速度
N100 #1=0	抛物面加工宏程序
N110 WHILE#1GE [−30]	
N120 #2=SORT [−#1/0.1]	
N130 G01X [2*#2] Z [#1]	
N140 #1=#1−0.5	
N150 ENDW	
N160 G01 X45.025 Z−30 C1.5	精加工端面到直径 45 mm 处并倒 1.5 mm 的角
N170 G01 Z−32	精加工 ϕ45 外径，到 32 mm 处
N180 G00 X100	X 向退刀
N190 Z100 M09	Z 向退刀；冷却液关
N200 M30	程序结束，并返回程序头

任务描述

3. 加工如图 5-6 所示的零件，材料为 45 钢，毛坯尺寸为 $\phi 35 \times 98$ mm。要求：确定加工工艺、填写刀具卡、工序卡、编写加工程序单、加工零件并检测。

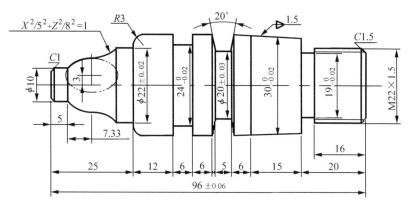

图 5-6　零件图

工作过程

1）分析零件图，确定加工工艺
具体操作步骤如下。

2）填写刀具卡

填写的刀具卡见表 5-7。

表 5-7 刀具卡

产品名称或代号			零件名称		零件图号		
序号	刀具号	刀具名称	数量	加工表面	刀尖半径 R/mm	刀尖方位 T	备 注
编制		审核		批准		日期	共 1 页　第 1 页

3）填写工序卡

填写的工序卡见表 5-8。

表 5-8 工序卡

单位名称		产品名称或代号		零件名称		零件图号	
工序号	程序编号	夹具名称		使用设备		车间	
工步号	工步内容	刀具号	刀具规格 R/mm	主轴转速 n/(r/min)	进给量 f/(mm/r)	背吃刀量 a_p/mm	备注
编制		审核		批准		日期	共 1 页　第 1 页

4）编写加工程序

编写的加工程序见表5-9。

表5-9 加工程序

程　　序	说　　明

续表

程　　序	说　　明

任务描述

4. 加工如图 5-7 所示的零件，材料为 45 钢，毛坯尺寸为 $\phi 50 \times 67$ mm。要求：确定加工工艺、填写刀具卡、工序卡、编写加工程序单、加工零件并检测。

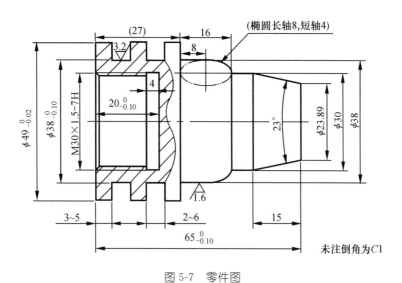

图 5-7　零件图

工作过程

1）分析零件图，确定加工工艺

操作步骤如下。

2）填写刀具卡

填写的刀具卡见表 5-10。

表 5-10　刀具卡

产品名称或代号			零件名称		零件图号		
序号	刀具号	刀具名称	数量	加工表面	刀尖半径 R/mm	刀尖方位 T	备注
编制		审核		批准		日期		共 1 页	第 1 页

3）填写工序卡

填写的工序卡见表 5-11。

表 5-11　工序卡

单位名称		产品名称或代号	零件名称	零件图号
工序号	程序编号	夹具名称	使用设备	车间
工步号	工步内容	刀具号	刀具规格 R/mm	主轴转速 n/(r/min)	进给量 f/(mm/r)	背吃刀量 a_p/mm	备注
---	---	---	---	---	---	---	---
编制		审核		批准		日期		共 1 页	第 1 页

4）编写加工程序

编写的加工程序见表 5-12。

表 5-12　加工程序

程　　序	说　　明

续表

程　序	说　明

◉ **任务描述**

5. 加工如图 5-8 所示的零件，材料为 45 钢，零件一的毛坯尺寸为 $\phi 50 \times 52$ mm，零件二的毛坯尺寸为 $\phi 45 \times 43$ mm。要求：确定加工工艺、填写刀具卡、工序卡、编写加工程序单、加工零件并检测。

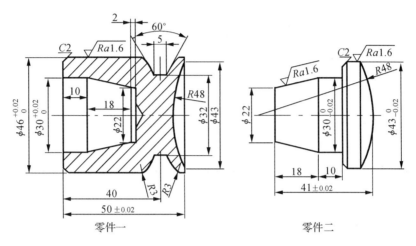

图 5-8　零件图

　**工作过程**

1) 分析零件图，确定加工工艺

操作步骤如下。

2）填写刀具卡

填写的刀具卡见表5-13。

表 5-13　刀具卡

产品名称或代号			零件名称		零件图号		
序号	刀具号	刀具名称	数量	加工表面	刀尖半径 R/mm	刀尖方位 T	备　注
编制		审核	批准		日期	共 1 页	第 1 页

3）填写工序卡

填写的工序卡见表5-14。

表 5-14　工序卡

单位名称		产品名称或代号		零件名称		零件图号
工序号	程序编号	夹具名称		使用设备		车间
工步号	工步内容	刀具号	刀具规格 R/mm	主轴转速 n/(r/min)	进给量 f/(mm/r)	背吃刀量 a_{p}/mm	备注
编制		审核	批准		日期	共 1 页	第 1 页

4）编写加工程序

编写的加工程序见表 5-15。

表 5-15　加工程序

程　　　序	说　　　明

续表

程　序	说　明

◎ **任务描述**
· · · · · · · ·

6. 加工如图 5-9、图 5-10 和图 5-11 所示的配合零件及其装配。要求：确定加工工艺、填写刀具卡、工序卡、编写加工程序单、加工零件并检测。

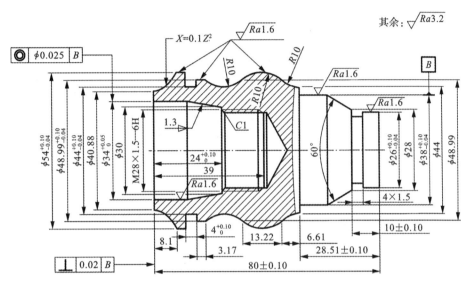

技术要求：
1. 未注倒角C0.5；
2. 未注公差按GB/T1804—F；
3. 不准使用砂纸、磨石、锉刀等辅助工具抛光加工表面。

图 5-9　零件一的零件图及实体图

其余: $\sqrt{Ra3.2}$

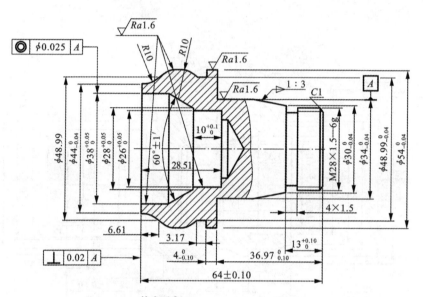

技术要求：

1. 未注倒角C0.5；
2. 未注公差按GB/T1804---F；
3. 不准使用砂纸、磨石、锉刀
   等辅助工具抛光加工表面。

图 5-10 零件二的零件图及实体图

装配方式一

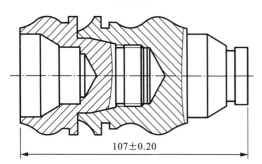

107±0.20

装配方式三

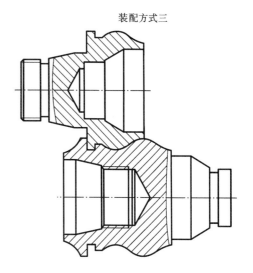

装配方式二

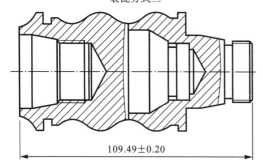

109.49±0.20

技术要求：
1. 面配合用涂色法检验接触面，
　 要求大于70%；
2. 螺纹要求配合松紧适中；
3. 各配合间隙0.05 mm。

图 5-11　装配图

 工作过程

1）分析零件图和装配图，确定加工工艺
操作步骤如下。

2）填写刀具卡

填写的刀具卡见表 5-16。

表 5-16　刀具卡

产品名称或代号			零件名称		零件图号		
序号	刀具号	刀具名称	数量	加工表面	刀尖半径 R/mm	刀尖方位 T	备　注
编制		审核		批准		日期	共 1 页	第 1 页

3）填写工序卡

填写的工序卡见表 5-17。

表 5-17　工序卡

单位名称		产品名称或代号		零件名称		零件图号
工序号	程序编号	夹具名称		使用设备		车间
工步号	工步内容	刀具号	刀具规格 R/mm	主轴转速 n/(r/min)	进给量 f/(mm/r)	背吃刀量 a_p/mm	备注
编制		审核		批准		日期	共 1 页	第 1 页

4）编写加工程序

编写的加工程序见表5-18。

表 5-18 加工程序

程 序	说 明

续表

程　序	说　明